ⓦ 완자
공부력

KB118581

Q 왜 공부력을 키워야 할까요?

쓰기력

정확한 의사소통의 기본기이며 논리의 바탕

연필을 잡고 종이에 쓰는 것을 괴로워한다!
맞춤법을 몰라 정확한 쓰기를 못한다!
말은 잘하지만 조리 있게 쓰는 것이 어렵다!
그래서 글쓰기의 기본 규칙을 정확히 알고
써야 공부 능력이 향상됩니다.

어휘력

교과 내용 이해와 독해력의 기본 바탕

어휘를 몰라서 수학 문제를 못 푼다!
어휘를 몰라서 사회, 과학 내용 이해가 안 된다!
어휘를 몰라서 수업 내용을 따라가기 어렵다!
그래서 교과 내용 이해의 기본 바탕을
다지기 위해 어휘 학습을 해야 합니다.

독해력

모든 교과 실력 향상의 기본 바탕

글을 읽었지만 무슨 내용인지 모른다!
글을 읽고 이해하는 데 시간이 오래 걸린다!
읽어서 이해하는 공부 방식을 거부하려고 한다!
그래서 통합적 사고력의 바탕인 독해 공부로
교과 실력 향상의 기본기를 닦아야 합니다.

계산력

초등 수학의 핵심이자 기본 바탕

계산 과정의 실수가 잦다!
계산을 하긴 하는데 시간이 오래 걸린다!
계산은 하는데 계산 개념을 정확히 모른다!
그래서 계산 개념을 익히고 속도와 정확성을
높이기 위한 훈련을 통해 계산력을 키워야 합니다.

세상이 변해도
배움의 즐거움은
변함없도록

시대는 빠르게 변해도
배움의 즐거움은
변함없어야 하기에

어제의 비상은
남다른 교재부터
결이 다른 콘텐츠
전에 없던 교육 플랫폼까지

변함없는 혁신으로
교육 문화 환경의 새로운 전형을
실현해왔습니다.

비상은 오늘, 다시 한번
새로운 교육 문화 환경을 실현하기 위한
또 하나의 혁신을 시작합니다.

오늘의 내가 어제의 나를 초월하고
오늘의 교육이 어제의 교육을 초월하여
배움의 즐거움을 지속하는 혁신,

바로, 메타인지 기반 완전 학습을.

상상을 실현하는 교육 문화 기업 비상

메타인지 기반 완전 학습
초월을 뜻하는 meta와 생각을 뜻하는 인지가 결합한 메타인지는
자신이 알고 모르는 것을 스스로 구분하고 학습계획을 세우도록 하는
궁극의 학습 능력입니다. 비상의 메타인지 기반 완전 학습 시스템은
잠들어 있는 메타인지를 깨워 공부를 100% 내 것으로 만들도록 합니다.

완자

공부력

초등 수학
계산 4A

초등 수학 계산 단계별 구성

1A	1B	2A	2B	3A	3B
9까지의 수	100까지의 수	세 자리 수	네 자리 수	세 자리 수의 덧셈	곱하는 수가 한·두 자리 수인 곱셈
9까지의 수 모으기, 가르기	받아올림이 없는 두 자리 수의 덧셈	받아올림이 있는 두 자리 수의 덧셈	곱셈구구	세 자리 수의 뺄셈	나누는 수가 한 자리 수인 나눗셈
한 자리 수의 덧셈	받아내림이 없는 두 자리 수의 뺄셈	받아내림이 있는 두 자리 수의 뺄셈	길이(m, cm)의 합과 차	나눗셈의 의미	분수로 나타내기, 분수의 종류
한 자리 수의 뺄셈	100이 되는 더하기, 10에서 빼기	세 수의 덧셈과 뺄셈	시각과 시간	곱하는 수가 한 자리 수인 곱셈	들이·무게의 합과 차
50까지의 수	받아올림이 있는 (몇)+(몇), 받아내림이 있는 (십몇)-(몇)	곱셈의 의미		길이(cm와 mm, km와 m)· 시간의 합과 차	
				분수와 소수의 의미	

초등 수학의 핵심! 수, 연산, 측정, 규칙성 영역에서
핵심 개념을 쉽게 이해하고, 다양한 계산 문제로 계산력을 키워요!

4A	4B	5A	5B	6A	6B
큰 수	분모가 같은 분수의 덧셈	자연수의 혼합 계산	수 어림하기	나누는 수가 자연수인 분수의 나눗셈	나누는 수가 분수인 분수의 나눗셈
각도의 합과 차, 삼각형·사각형의 각도의 합	분모가 같은 분수의 뺄셈	약수와 배수	분수의 곱셈	나누는 수가 자연수인 소수의 나눗셈	나누는 수가 소수인 소수의 나눗셈
세 자리 수와 두 자리 수의 곱셈	소수 사이의 관계	약분과 통분	소수의 곱셈	비와 비율	비례식과 비례배분
나누는 수가 두 자리 수인 나눗셈	소수의 덧셈	분모가 다른 분수의 덧셈	평균	직육면체의 부피	원주, 원의 넓이
	소수의 뺄셈	분모가 다른 분수의 뺄셈		직육면체의 겉넓이	
		다각형의 둘레와 넓이			

특징과 활용법

하루 4쪽 공부하기

※ 차시별 공부

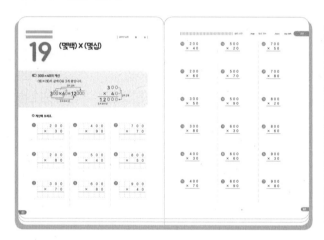

※ 차시 섞어서 공부

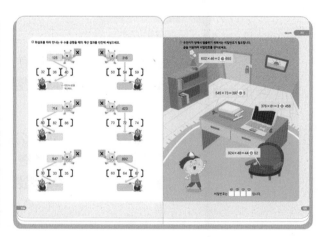

※ 하루 4쪽씩 공부하고, 채점한 후, 틀린 문제를 다시 풀어요!

✅ 책으로 하루 4쪽 공부하며, 초등 계산력을 키워요!

✅ 모바일로 공부한 내용을 복습하고 몬스터를 잡아요!

| 공부한 내용 확인하기 | 모바일로 복습하기 |

✱ 단원별 계산 평가

앱 다운받기　　　　책 인증하기

✱ 단계별 계산 총정리 평가

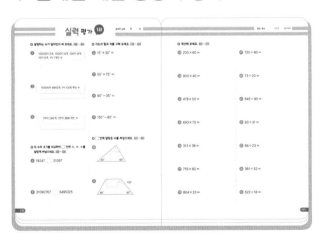

✱ 그날 배운 내용을 바로바로,
또는 주말에 모아서 복습하고,
다이아몬드 획득까지!
공부가 저절로 즐거워져요!

✱ 평가를 통해 공부한 내용을 확인해요!

차례

1

큰 수

2

각도의 계산

1

만, 억, 조 단위의 수를 **이해**하고
쓰고, 읽는 것이 중요한

큰 수

다섯 자리 수

- 1000이 10개인 수 → 쓰기 **10000** 또는 **1만** 읽기 **만** 또는 **일만**
- 10000이 3개인 수 → 쓰기 **30000** 또는 **3만** 읽기 **삼만**
- 10000이 2개, 1000이 5개, 100이 7개, 10이 4개, 1이 6개인 수
  → 쓰기 **25746** 읽기 **이만 오천칠백사십육**
  └ 일의 자리부터 네 자리씩 끊은 후
  왼쪽부터 차례대로 읽습니다.

◉ ☐ 안에 알맞은 수를 써넣으세요.

① 10000은 9000보다 ☐ 만큼 더 큰 수입니다.

② 10000은 9999보다 ☐ 만큼 더 큰 수입니다.

③ 40000은 10000이 ☐ 개인 수입니다.

④ 70000은 10000이 ☐ 개인 수입니다.

○ **설명하는 수가 얼마인지 써 보세요.**

5 10000이 2개인 수

⇨ [ ]

6 10000이 3개, 1000이 5개, 100이 2개, 10이 6개, 1이 8개인 수

⇨ [ ]

7 10000이 4개인 수

⇨ [ ]

8 10000이 5개, 1000이 4개, 100이 9개, 10이 8개, 1이 3개인 수

⇨ [ ]

9 10000이 6개, 1000이 5개, 100이 8개, 10이 9개, 1이 6개인 수

⇨ [ ]

10 10000이 7개, 100이 3개, 10이 4개, 1이 5개인 수

⇨ [ ]

11 10000이 8개인 수

⇨ [ ]

12 10000이 8개, 1000이 3개, 100이 1개, 10이 9개, 1이 2개인 수

⇨ [ ]

13 10000이 9개, 1000이 2개, 100이 4개, 1이 9개인 수

⇨ [ ]

14 10000이 9개, 1000이 4개, 100이 1개, 10이 7개, 1이 4개인 수

⇨ [ ]

○ ☐ 안에 알맞은 수를 써넣으세요.

15 30000

⇨ 10000이 ☐ 개인 수

16 31524

⇨ 10000이 3개, 1000이 ☐ 개,
100이 5개, 10이 ☐ 개, 1이 4개인 수

17 42658

⇨ 10000이 ☐ 개, 1000이 2개,
100이 ☐ 개, 10이 5개, 1이 8개인 수

18 50000

⇨ 10000이 ☐ 개인 수

19 51937

⇨ 10000이 5개, 1000이 1개, 100이
☐ 개, 10이 3개, 1이 ☐ 개인 수

20 63705

⇨ 10000이 6개, 1000이 ☐ 개,
100이 ☐ 개, 1이 5개인 수

21 70000

⇨ 10000이 ☐ 개인 수

22 76482

⇨ 10000이 ☐ 개, 1000이 6개,
100이 ☐ 개, 10이 8개, 1이 2개인 수

23 82569

⇨ 10000이 8개, 1000이 ☐ 개,
100이 5개, 10이 ☐ 개, 1이 9개인 수

24 90571

⇨ 10000이 ☐ 개, 100이 5개,
10이 7개, 1이 ☐ 개인 수

○ 수를 읽어 보세요.

25　20000

(　　　　　　　　　)

26　60000

(　　　　　　　　　)

27　90000

(　　　　　　　　　)

28　11763

(　　　　　　　　　)

29　40845

(　　　　　　　　　)

30　71492

(　　　　　　　　　)

○ 수로 나타내어 보세요.

31　만

(　　　　　　　　　)

32　삼만

(　　　　　　　　　)

33　칠만

(　　　　　　　　　)

34　이만 칠천이백구십육

(　　　　　　　　　)

35　육만 팔천삼백팔십칠

(　　　　　　　　　)

36　구만 백사

(　　　　　　　　　)

다섯 자리 수의 자릿값

◖◗ **62795에서 각 자리 숫자가 나타내는 값**

62795에서 만의 자리 숫자는 **6**이고 **60000**을,

천의 자리 숫자는 **2**이고 **2000**을,

백의 자리 숫자는 **7**이고 **700**을,

십의 자리 숫자는 **9**이고 **90**을,

일의 자리 숫자는 **5**이고 **5**를 나타냅니다.

→ **62795＝60000＋2000＋700＋90＋5**

○☐ 안에 알맞은 수를 써넣으세요.

1 14673에서 만의 자리 숫자는 ☐ 이고,
☐ 을(를) 나타냅니다.

4 63518에서 일의 자리 숫자는 ☐ 이고,
☐ 을(를) 나타냅니다.

2 29634에서 십의 자리 숫자는 ☐ 이고,
☐ 을(를) 나타냅니다.

5 81456에서 천의 자리 숫자는 ☐ 이고,
☐ 을(를) 나타냅니다.

3 40592에서 백의 자리 숫자는 ☐ 이고,
☐ 을(를) 나타냅니다.

6 95781에서 백의 자리 숫자는 ☐ 이고,
☐ 을(를) 나타냅니다.

◎ ☐ 안에 알맞은 수나 말을 써넣으세요.

7 12543에서 1은 ☐의 자리 숫자이고,
☐을(를) 나타냅니다.

13 48125에서 1은 ☐의 자리 숫자이고,
☐을(를) 나타냅니다.

8 24185에서 8은 ☐의 자리 숫자이고,
☐을(를) 나타냅니다.

14 59371에서 5는 ☐의 자리 숫자이고,
☐을(를) 나타냅니다.

9 26189에서 6은 ☐의 자리 숫자이고,
☐을(를) 나타냅니다.

15 65943에서 3은 ☐의 자리 숫자이고,
☐을(를) 나타냅니다.

10 31268에서 2는 ☐의 자리 숫자이고,
☐을(를) 나타냅니다.

16 74892에서 4는 ☐의 자리 숫자이고,
☐을(를) 나타냅니다.

11 37542에서 7은 ☐의 자리 숫자이고,
☐을(를) 나타냅니다.

17 83967에서 6은 ☐의 자리 숫자이고,
☐을(를) 나타냅니다.

12 42069에서 9는 ☐의 자리 숫자이고,
☐을(를) 나타냅니다.

18 92154에서 1은 ☐의 자리 숫자이고,
☐을(를) 나타냅니다.

○ 각 자리 숫자가 나타내는 값의 합으로 나타내려고 합니다. ☐ 안에 알맞은 수를 써넣으세요.

19 16528 = 10000 + [   ] + 500 + 20 + [   ]

20 21867 = [   ] + [   ] + 800 + 60 + 7

21 32694 = 30000 + [   ] + [   ] + 90 + 4

22 55819 = [   ] + 5000 + [   ] + 10 + 9

23 60973 = 60000 + 900 + [   ] + [   ]

24 73192 = 70000 + 3000 + [   ] + [   ] + 2

25 95426 = [   ] + 5000 + 400 + [   ] + 6

● 밑줄 친 숫자가 나타내는 값을 찾아 ◯표 하세요.

26 19542

(5 , 50 , 500)

32 53948

(30 , 300 , 3000)

27 25681

(8 , 80 , 800)

33 67159

(50 , 500 , 5000)

28 28617

(1 , 10 , 100)

34 73685

(60 , 600 , 6000)

29 39824

(4 , 40 , 400)

35 84053

(800 , 8000 , 80000)

30 41923

(90 , 900 , 9000)

36 92165

(200 , 2000 , 20000)

31 48536

(80 , 800 , 8000)

37 95782

(700 , 7000 , 70000)

십만, 백만, 천만

수	쓰기	읽기
10000이 10개인 수	100000 　또는 10만	십만
10000이 100개인 수	1000000 　또는 100만	백만
10000이 1000개인 수	10000000 또는 1000만	천만
10000이 1647개인 수	16470000 또는 1647만	천육백사십칠만

○ 설명하는 수가 얼마인지 써 보세요.

1　10000이 10개인 수

⇨

4　10000이 467개인 수

⇨

2　10000이 23개인 수

⇨

5　10000이 5694개인 수

⇨

3　10000이 100개인 수

⇨

6　10000이 7351개인 수

⇨

7 10000이 15개, 1이 3000개인 수

⇨

8 10000이 58개, 1이 1200개인 수

⇨

9 10000이 164개, 1이 5400개인 수

⇨

10 10000이 237개, 1이 9300개인 수

⇨

11 10000이 1354개, 1이 7620개인 수

⇨

12 10000이 2598개, 1이 1570개인 수

⇨

13 10000이 2836개, 1이 8542개인 수

⇨

14 10000이 3347개, 1이 1684개인 수

⇨

15 10000이 4923개, 1이 7532개인 수

⇨

16 10000이 5926개, 1이 3861개인 수

⇨

17 10000이 6048개, 1이 206개인 수

⇨

18 10000이 8920개, 1이 19개인 수

⇨

◎ ☐ 안에 알맞은 수를 써넣으세요.

19 140000

⇨ 10000이 ☐ 개인 수

20 5320000

⇨ 10000이 ☐ 개인 수

21 13900000

⇨ 10000이 ☐ 개인 수

22 47250000

⇨ 10000이 ☐ 개인 수

23 86730000

⇨ 10000이 ☐ 개인 수

24 15846300

⇨ 10000이 ☐ 개,
1이 ☐ 개인 수

25 37942270

⇨ 10000이 ☐ 개,
1이 ☐ 개인 수

26 41173915

⇨ 10000이 ☐ 개,
1이 ☐ 개인 수

27 51350046

⇨ 10000이 ☐ 개,
1이 ☐ 개인 수

28 89200108

⇨ 10000이 ☐ 개,
1이 ☐ 개인 수

● 수를 읽어 보세요.

29 430000

( )

30 7890000

( )

31 16320000

( )

32 45730000

( )

33 73201657

( )

34 80090564

( )

● 수로 나타내어 보세요.

35 이백구십오만

( )

36 삼천백구십팔만

( )

37 오천백이십칠만

( )

38 오천이백칠십오만 천육백십사

( )

39 육천이만 칠천삼

( )

40 구천십만 구십오

( )

천만 단위까지 수의 자릿값

◖ **47520000에서 각 자리 숫자가 나타내는 값**

47520000에서 **천만의 자리** 숫자는 **4**이고 **4000만**을,
백만의 자리 숫자는 **7**이고 **700만**을,
십만의 자리 숫자는 **5**이고 **50만**을,
만의 자리 숫자는 **2**이고 **2만**을 나타냅니다.

→ 47520000＝40000000＋7000000＋500000＋20000

◉ ◻ 안에 알맞은 수를 써넣으세요.

1 18320000에서

백만의 자리 숫자는 ◻ 이고,

◻ 을(를) 나타냅니다.

2 29450000에서

천만의 자리 숫자는 ◻ 이고,

◻ 을(를) 나타냅니다.

3 41930000에서

십만의 자리 숫자는 ◻ 이고,

◻ 을(를) 나타냅니다.

4 51280000에서

천만의 자리 숫자는 ◻ 이고,

◻ 을(를) 나타냅니다.

5 63500000에서

백만의 자리 숫자는 ◻ 이고,

◻ 을(를) 나타냅니다.

6 81470000에서

만의 자리 숫자는 ◻ 이고,

◻ 을(를) 나타냅니다.

◎ ☐ 안에 알맞은 수나 말을 써넣으세요.

7 14360000에서

3은 [ ]의 자리 숫자이고,

[ ]을(를) 나타냅니다.

12 68120000에서

6은 [ ]의 자리 숫자이고,

[ ]을(를) 나타냅니다.

8 29840000에서

4는 [ ]의 자리 숫자이고,

[ ]을(를) 나타냅니다.

13 73910000에서

3은 [ ]의 자리 숫자이고,

[ ]을(를) 나타냅니다.

9 32650000에서

2는 [ ]의 자리 숫자이고,

[ ]을(를) 나타냅니다.

14 84730000에서

7은 [ ]의 자리 숫자이고,

[ ]을(를) 나타냅니다.

10 43190000에서

1은 [ ]의 자리 숫자이고,

[ ]을(를) 나타냅니다.

15 87450000에서

5는 [ ]의 자리 숫자이고,

[ ]을(를) 나타냅니다.

11 57380000에서

8은 [ ]의 자리 숫자이고,

[ ]을(를) 나타냅니다.

16 91640000에서

9는 [ ]의 자리 숫자이고,

[ ]을(를) 나타냅니다.

||||||||||||||||||||||||||||||||||||||||||||||||||||||||||||||||||||||||||

● 각 자리 숫자가 나타내는 값의 합으로 나타내려고 합니다. ☐ 안에 알맞은 수를 써넣으세요.

⑰ 12380000 = 10000000 + ☐ + 300000 + ☐

⑱ 26740000 = 20000000 + 6000000 + ☐ + ☐

⑲ 42830000 = ☐ + 2000000 + 800000 + ☐

⑳ 59350000 = 50000000 + ☐ + 300000 + ☐

㉑ 64270000 = 60000000 + ☐ + ☐ + 70000

㉒ 78620000 = ☐ + ☐ + 600000 + 20000

㉓ 91560000 = ☐ + 1000000 + ☐ + 60000

○ **밑줄 친 숫자가 나타내는 값을 찾아 ◯표 하세요.**

24 15970000

(5만 , 50만 , 500만)

30 64730000

(60만 , 600만 , 6000만)

25 23740000

(7만 , 70만 , 700만)

31 68070000

(80만 , 800만 , 8000만)

26 39450000

(30만 , 300만 , 3000만)

32 74580000

(50만 , 500만 , 5000만)

27 41980000

(8만 , 80만 , 800만)

33 81090000

(10만 , 100만 , 1000만)

28 47320000

(7만 , 70만 , 700만)

34 85340000

(4만 , 40만 , 400만)

29 53210000

(20만 , 200만 , 2000만)

35 92560000

(90만 , 900만 , 9000만)

계산 Plus+

천만 단위까지의 수

○ ☐ 안에 알맞은 수를 써넣으세요.

1 10000이 1개 ┐
　　 1000이 3개 ┤
　　　 100이 4개 ┤ ⇨ ☐
　　　　10이 8개 ┤
　　　　 1이 7개 ┘

4　24591 ⇨ 10000이　2 개 ┐
　　　　　　　 1000이 ☐ 개 ┤
　　　　　　　　100이　5 개 ┤
　　　　　　　　 10이 ☐ 개 ┤
　　　　　　　　　1이　1 개 ┘

2 10000이 5개 ┐
　　 1000이 7개 ┤
　　　 100이 9개 ┤ ⇨ ☐
　　　　10이 2개 ┤
　　　　 1이 4개 ┘

5　43856 ⇨ 10000이　4 개 ┐
　　　　　　　 1000이　3 개 ┤
　　　　　　　　100이 ☐ 개 ┤
　　　　　　　　 10이　5 개 ┤
　　　　　　　　　1이 ☐ 개 ┘

3 10000이 8개 ┐
　　 1000이 6개 ┤
　　　 100이 0개 ┤ ⇨ ☐
　　　　10이 5개 ┤
　　　　 1이 3개 ┘

6　70639 ⇨ 10000이 ☐ 개 ┐
　　　　　　　 1000이　0 개 ┤
　　　　　　　　100이　6 개 ┤
　　　　　　　　 10이 ☐ 개 ┤
　　　　　　　　　1이　9 개 ┘

● 빈칸에 빨간색 숫자가 나타내는 값을 써넣으세요.

7 15627 ___

8 23689 ___

9 59472 ___

10 108436 ___

11 239314 ___

12 3684957 ___

13 13620489 ___

14 29648952 ___

15 53671285 ___

16 61348513 ___

17 89415038 ___

18 94658746 ___

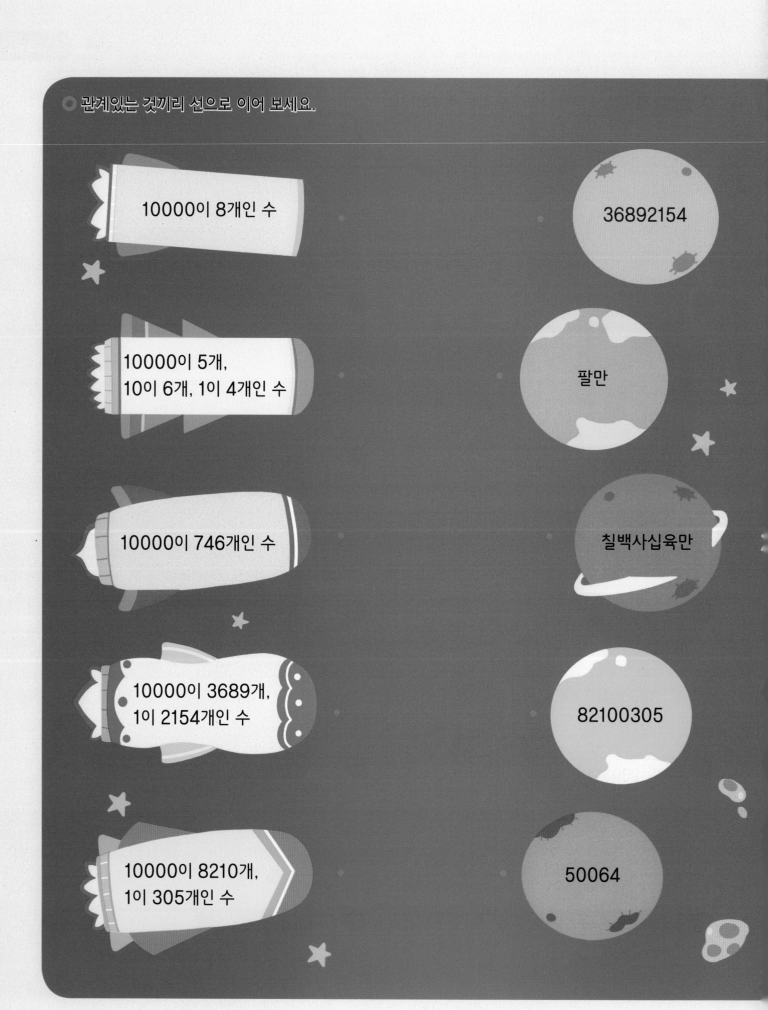

10000이 8개인 수

36892154

10000이 5개,
10이 6개, 1이 4개인 수

팔만

10000이 746개인 수

칠백사십육만

10000이 3689개,
1이 2154개인 수

82100305

10000이 8210개,
1이 305개인 수

50064

○ 설명에 해당하는 수를 찾아 나타내는 색으로 색칠해 보세요.

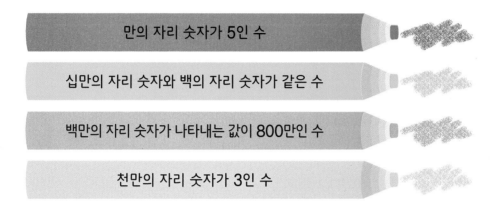

만의 자리 숫자가 **5**인 수

십만의 자리 숫자와 백의 자리 숫자가 같은 수

백만의 자리 숫자가 나타내는 값이 **800만**인 수

천만의 자리 숫자가 **3**인 수

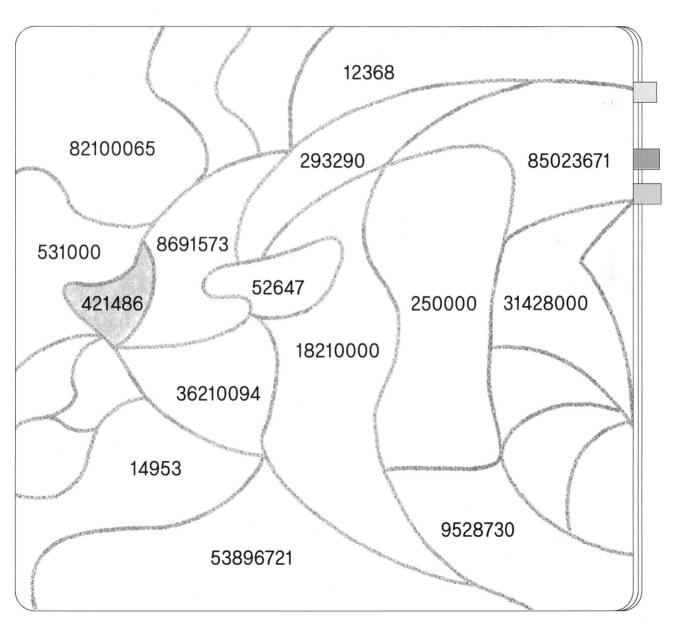

억, 조

억

수	쓰기	읽기
1000만이 10개인 수	100000000 또는 1억	억 또는 일억
1억이 2538개인 수	253800000000 또는 2538억	이천오백삼십팔억

조

수	쓰기	읽기
1000억이 10개인 수	1000000000000 또는 1조	조 또는 일조
1조가 1739개인 수	1739000000000000 또는 1739조	천칠백삼십구조

○ 설명하는 수가 얼마인지 써 보세요.

1 1억이 578개인 수

⇨

2 1억이 3450개인 수

⇨

3 1억이 5836개인 수

⇨

4 1조가 400개인 수

⇨

5 1조가 6170개인 수

⇨

6 1조가 9805개인 수

⇨

7 1억이 635개, 1만이 7900개인 수

⇨

13 1조가 85개, 1억이 2000개인 수

⇨

8 1억이 3725개, 1만이 1640개인 수

⇨

14 1조가 2194개, 1억이 3870개인 수

⇨

9 1억이 4971개, 1만이 3468개인 수

⇨

15 1조가 3953개, 1억이 2397개인 수

⇨

10 1억이 8492개, 1만이 7341개인 수

⇨

16 1조가 7549개, 1억이 5478개인 수

⇨

11 1억이 8825개, 1만이 84개인 수

⇨

17 1조가 9042개, 1억이 856개인 수

⇨

12 1억이 9431개, 1만이 697개인 수

⇨

18 1조가 9708개, 1억이 53개인 수

⇨

○ ☐ 안에 알맞은 수를 써넣으세요.

19
15400000000

⇨ 1억이 ☐ 개인 수

20
394623710000

⇨ 1억이 ☐ 개,

1만이 ☐ 개인 수

21
423852940000

⇨ 1억이 ☐ 개,

1만이 ☐ 개인 수

22
753009050000

⇨ 1억이 ☐ 개,

1만이 ☐ 개인 수

23
840900230000

⇨ 1억이 ☐ 개,

1만이 ☐ 개인 수

24
296000000000000

⇨ 1조가 ☐ 개인 수

25
5284394600000000

⇨ 1조가 ☐ 개,

1억이 ☐ 개인 수

26
6849253100000000

⇨ 1조가 ☐ 개,

1억이 ☐ 개인 수

27
8428074900000000

⇨ 1조가 ☐ 개,

1억이 ☐ 개인 수

28
9100003000000000

⇨ 1조가 ☐ 개,

1억이 ☐ 개인 수

○ 수를 읽어 보세요.

29 79000000000

( )

30 536171000000

( )

31 657000020000

( )

32 216000000000000

( )

33 5813498000000000

( )

34 8040050700000000

( )

○ 수로 나타내어 보세요.

35 사천칠백구십삼억

( )

36 육천백사십이억 삼천구백만

( )

37 칠천사억 팔백삼만

( )

38 이백팔십삼조

( )

39 천구백사십오조 육천백삼십구억

( )

40 이천삼조 십사억

( )

천억, 천조 단위까지 수의 자릿값

● **3957억에서 각 자리 숫자가 나타내는 값**

3	9	5	7	0	0	0	0	0	0	0	0
천	백	십	일	천	백	십	일	천	백	십	일
		억				만				일	

→ 395700000000 = 300000000000 + 90000000000
    + 5000000000 + 700000000

● **2649조에서 각 자리 숫자가 나타내는 값**

2	6	4	9	0	0	0	0	0	0	0	0	0	0	0	0
천	백	십	일	천	백	십	일	천	백	십	일	천	백	십	일
		조				억				만				일	

→ 2649000000000000
    = 2000000000000000 + 600000000000000
    + 40000000000000 + 9000000000000

○ ☐ 안에 알맞은 수를 써넣으세요.

① 128300000000에서

천억의 자리 숫자는 ☐ 이고, ☐ 을(를) 나타냅니다.

② 216000000000000000에서

십조의 자리 숫자는 ☐ 이고, ☐ 을(를) 나타냅니다.

③ 453900000000에서

억의 자리 숫자는 ☐ 이고, ☐ 을(를) 나타냅니다.

④ 632700000000에서

백억의 자리 숫자는 ☐ 이고, ☐ 을(를) 나타냅니다.

⑤ 789200000000에서

십억의 자리 숫자는 ☐ 이고, ☐ 을(를) 나타냅니다.

⑥ 3854000000000000에서

백조의 자리 숫자는 ☐ 이고, ☐ 을(를) 나타냅니다.

⑦ 5218000000000000에서

천조의 자리 숫자는 ☐ 이고, ☐ 을(를) 나타냅니다.

⑧ 9374000000000000에서

조의 자리 숫자는 ☐ 이고, ☐ 을(를) 나타냅니다.

○ 각 자리 숫자가 나타내는 값의 합으로 나타내려고 합니다. ☐ 안에 알맞은 수를 써넣으세요.

9 $196700000000 = 100000000000 + \boxed{}$
$+ \boxed{} + 700000000$

10 $316500000000 = 300000000000 + 10000000000$
$+ \boxed{} + \boxed{}$

11 $864100000000 = \boxed{} + 60000000000$
$+ \boxed{} + 100000000$

12 $2858000000000000 = 2000000000000000 + \boxed{}$
$+ 50000000000000 + \boxed{}$

13 $4523000000000000 = 4000000000000000 + \boxed{}$
$+ \boxed{} + 3000000000000$

14 $7694000000000000 = \boxed{} + 600000000000000$
$+ 90000000000000 + \boxed{}$

○ 밑줄 친 숫자가 나타내는 값을 찾아 ○표 하세요.

15 1̲64800000000

(10억 , 100억 , 1000억)

16 398̲500000000

(5억 , 50억 , 500억)

17 4̲2̲3700000000

(20억 , 200억 , 2000억)

18 4̲98200000000

(40억 , 400억 , 4000억)

19 608̲700000000

(8억 , 80억 , 800억)

20 960̲4̲00000000

(4억 , 40억 , 400억)

21 234̲7̲000000000000

(7조 , 70조 , 700조)

22 4̲652000000000000

(60조 , 600조 , 6000조)

23 5̲813000000000000

(50조 , 500조 , 5000조)

24 68̲3̲4000000000000

(3조 , 30조 , 300조)

25 749̲2̲000000000000

(2조 , 200조 , 2000조)

26 89̲5̲3000000000000

(90조 , 900조 , 9000조)

계산 Plus+

천조 단위까지의 수

○ 설명하는 수가 얼마인지 써 보세요.

1

1억이 153개인 수

2

1억이 3642개인 수

3

1억이 4217개, 만이 3948개인 수

4

1억이 7962개, 만이 809개인 수

5

1조가 2759개인 수

6

1조가 5614개인 수

7

1조가 6823개, 1억이 7224개인 수

8

1조가 8203개, 1억이 67개인 수

○ 빈칸에 빨간색 숫자가 나타내는 값을 써넣으세요.

⑨ 296800000000

⑮ 918000000000000

⑩ 465300000000

⑯ 3482000000000000

⑪ 543700000000

⑰ 4597000000000000

⑫ 658400000000

⑱ 5346000000000000

⑬ 812500000000

⑲ 7241000000000000

⑭ 904300000000

⑳ 8009000000000000

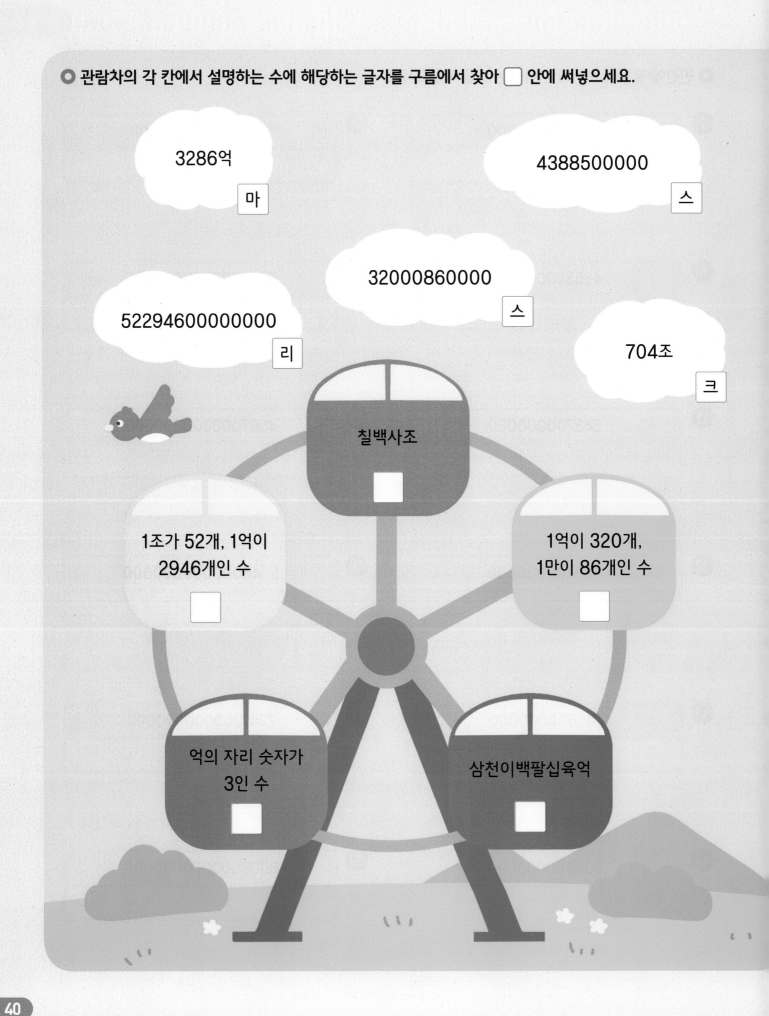

3286억
마

4388500000
스

52294600000000
리

32000860000
스

704조
크

칠백사조
☐

1조가 52개, 1억이 2946개인 수
☐

1억이 320개, 1만이 86개인 수
☐

억의 자리 숫자가 3인 수
☐

삼천이백팔십육억
☐

○ 설명에 해당하는 수를 찾아 나타내는 색으로 색칠해 보세요.

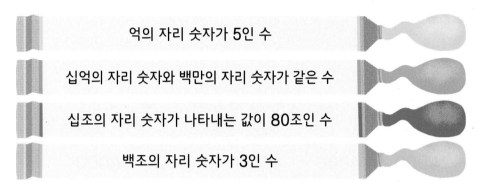

억의 자리 숫자가 5인 수

십억의 자리 숫자와 백만의 자리 숫자가 같은 수

십조의 자리 숫자가 나타내는 값이 80조인 수

백조의 자리 숫자가 3인 수

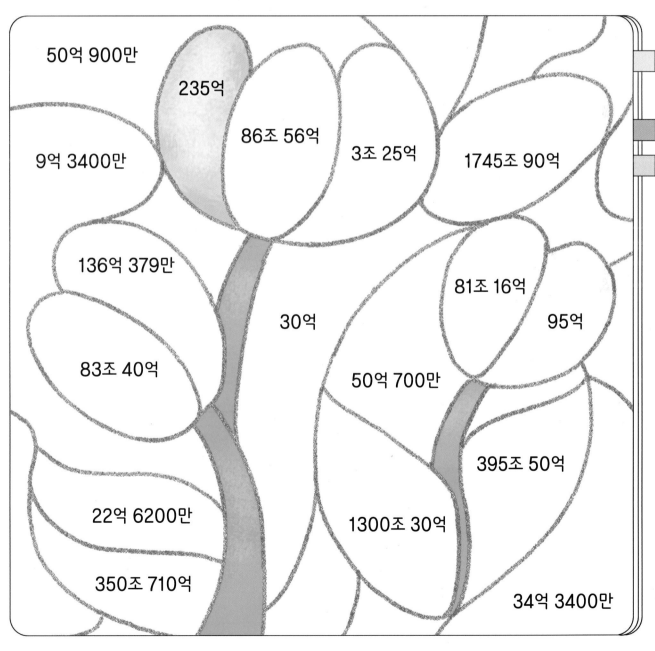

50억 900만

235억

86조 56억

3조 25억

1745조 90억

9억 3400만

136억 379만

81조 16억

95억

30억

83조 40억

50억 700만

395조 50억

22억 6200만

1300조 30억

350조 710억

34억 3400만

뛰어 세기

뛰어 세기

- **14000 – 24000 – 34000 – 44000 – 54000 – 64000**
  → 만의 자리 수가 1씩 커지므로 10000씩 뛰어 센 것입니다.
- **32억 – 33억 – 34억 – 35억 – 36억 – 37억**
  → 억의 자리 수가 1씩 커지므로 1억씩 뛰어 센 것입니다.
- **43조 – 44조 – 45조 – 46조 – 47조 – 48조**
  → 조의 자리 수가 1씩 커지므로 1조씩 뛰어 센 것입니다.

○ 10000씩 뛰어 세어 보세요.

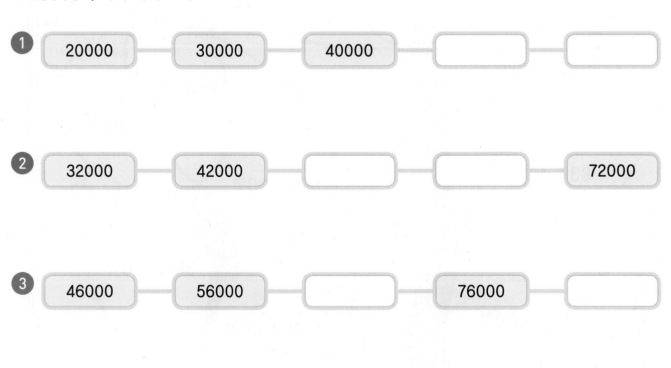

❶ 20000 — 30000 — 40000 — ☐ — ☐

❷ 32000 — 42000 — ☐ — ☐ — 72000

❸ 46000 — 56000 — ☐ — 76000 — ☐

❹ 59400 — ☐ — 79400 — ☐ — 99400

○ 100억씩 뛰어 세어 보세요.

⑤ 2378억 ── 2478억 ── 　　 ── 2678억 ──

⑥ 5492억 ── 5592억 ── 5692억 ── 　　 ──

⑦ 7736억 ── 　　 ── 7936억 ── 　　 ── 8136억

○ 10조씩 뛰어 세어 보세요.

⑧ 3957조 ── 3967조 ── 　　 ── 　　 ── 3997조

⑨ 6431조 ── 6441조 ── 　　 ── 6461조 ──

⑩ 8165조 ── 　　 ── 8185조 ── 8195조 ──

얼마씩 뛰어 세었는지 써 보세요.

11 | 39000 | 49000 | 59000 | 69000 | 79000 |

(   )씩

12 | 58240000 | 58340000 | 58440000 | 58540000 | 58640000 |

(   )씩

13 | 27억 6073만 | 28억 6073만 | 29억 6073만 | 30억 6073만 | 31억 6073만 |

(   )씩

14 | 7301억 500만 | 7601억 500만 | 7901억 500만 | 8201억 500만 | 8501억 500만 |

(   )씩

15 | 158조 247억 | 168조 247억 | 178조 247억 | 188조 247억 | 198조 247억 |

(   )씩

16 | 521조 76억 | 571조 76억 | 621조 76억 | 671조 76억 | 721조 76억 |

(   )씩

○ 규칙에 따라 빈칸에 알맞은 수를 써넣으세요.

17 | 416700 | | | 419700 | 420700 |

18 | 3584만 | 3594만 | | 3614만 | |

19 | 24억 3916만 | 24억 4916만 | 24억 5916만 | | |

20 | 6263억 | | 8263억 | 9263억 | |

21 | 583조 74억 | | 587조 74억 | | 591조 74억 |

22 | 1857조 | 1907조 | | | 2057조 |

23 | 2435조 | 2735조 | | 3335조 | |

10 수의 크기 비교

● 자릿수가 다른 수의 크기 비교

자릿수가 많은 쪽이 더 큽니다.

$$34597 < 207849$$
다섯 자리 수　　여섯 자리 수

● 자릿수가 같은 수의 크기 비교

가장 높은 수부터 차례대로 비교하여 수가 큰 쪽이 더 큽니다.

$$473582 < 476528$$
3 < 6

◎ □ 안에 알맞은 수를 써넣고 두 수의 크기를 비교하여 ◯ 안에 >, =, <를 알맞게 써넣으세요.

❶
2	0	0	0	0
	8	0	0	0
		7	0	0
			4	0

[　　　] ◯ [　　　]

1	0	0	0	0	0
	3	0	0	0	0
		5	0	0	
		6	0	0	

❷
8	0	0	0	0	0
	4	0	0	0	0
		9	0	0	0
			1	0	0

[　　　] ◯ [　　　]

8	0	0	0	0	0
	4	0	0	0	0
		7	0	0	0
				9	0

○ 두 수의 크기를 비교하여 ◯ 안에 >, =, <를 알맞게 써넣으세요.

③ 170000 ◯ 59000

④ 230000 ◯ 2150000

⑤ 390000 ◯ 48000

⑥ 29468000 ◯ 276920000

⑦ 425872450 ◯ 69367580

⑧ 6547801000 ◯ 675390000

⑨ 70264913214 ◯ 8617386009

⑩ 570000 ◯ 580000

⑪ 2630000 ◯ 2640000

⑫ 4310000 ◯ 4290000

⑬ 56840000 ◯ 56570000

⑭ 237640000 ◯ 237910000

⑮ 4578250000 ◯ 4628010000

⑯ 30967424004 ◯ 30967419875

● 두 수의 크기를 비교하여 ◯ 안에 >, =, <를 알맞게 써넣으세요.

17 16498 ◯ 18000

18 24568 ◯ 215620

19 361578 ◯ 359342

20 524891 ◯ 52567

21 2753100 ◯ 10044560

22 3598000 ◯ 3543985

23 43753218 ◯ 43829674

24 29015700 ◯ 27864200

25 356124000 ◯ 76986000

26 625879540 ◯ 636579234

27 732406453 ◯ 89530600

28 4634200000 ◯ 4642300000

29 6382716349 ◯ 6763412517

30 82763405012 ◯ 9036174528

㉛ 1575만 ◯ 437만

㉜ 3575만 ◯ 3459만

㉝ 4107만 6347 ◯ 4200만

㉞ 8억 6245만 ◯ 8억 2968만

㉟ 17억 1642만 ◯ 21억 936만

㊱ 623억 6004만 ◯ 615억 5738만

㊲ 8264억 8649만 ◯ 7924억 4923만

㊳ 3조 5726억 ◯ 3억 8149만

㊴ 5조 6837억 ◯ 5조 9854억

㊵ 13조 4682억 ◯ 9조 6392억

㊶ 56조 935억 ◯ 49조 3006억

㊷ 7290만 ◯ 72890000

㊸ 13억 7200만 ◯ 10345000000

㊹ 8003500000000 ◯ 800조 2900억

11 계산 Plus+

뛰어 세기, 수의 크기 비교

○ 100만씩 거꾸로 뛰어 세어 보세요.

1 8270000 — 7270000 — 6270000 — ⬜ — ⬜

2 67250000 — ⬜ — 65250000 — ⬜ — 63250000

3 94360000 — 93360000 — ⬜ — 91360000 — ⬜

○ 10억씩 거꾸로 뛰어 세어 보세요.

4 384억 — 374억 — ⬜ — 354억 — ⬜

5 4259억 — ⬜ — 4239억 — 4229억 — ⬜

6 12조 125억 — 12조 115억 — 12조 105억 — ⬜ — ⬜

◎ 가장 큰 수를 찾아 ◯표, 가장 작은 수를 찾아 △표 하세요.

7

16750	23640
215000	

12

9153만	5679만
9082만 6782	

8

82000	31250
79000	

13

3억 5891만	10억 124만
6억 3547만	

9

508792	98842
67543	

14

51억 480만	438억
51억 4008만	

10

7160000	10520000
9490000	

15

6조 4685억	6조 8412억
13조 3456억	

11

89527543	31645892
2420610078	

16

11조 7200만	11조 9억
10조 8971억	

○ 21억부터 1억씩 뛰어 센 수를 순서대로 이어 그림을 완성해 보세요.

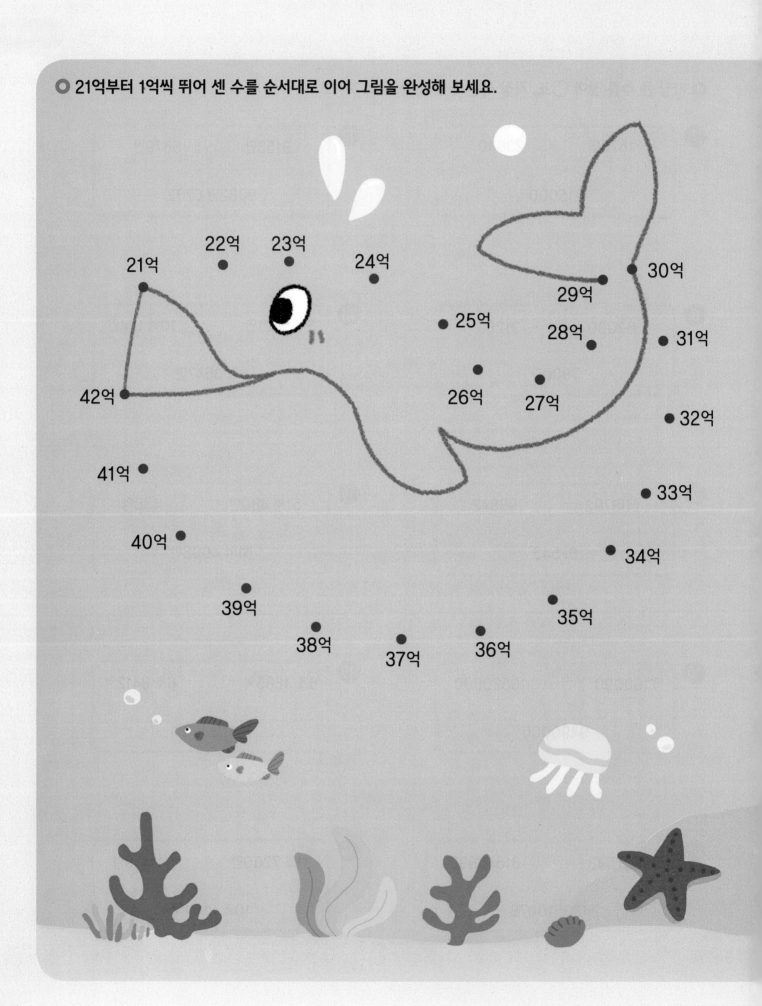

○ 수정이는 공원에서 자전거를 타려고 합니다.
  갈림길에 있는 수가 2개일 때는 더 큰 수를 따라가고,
  2개보다 많을 때는 가장 큰 수를 따라갈 때 수정이가 타게 되는 자전거에 ◯표 하세요.

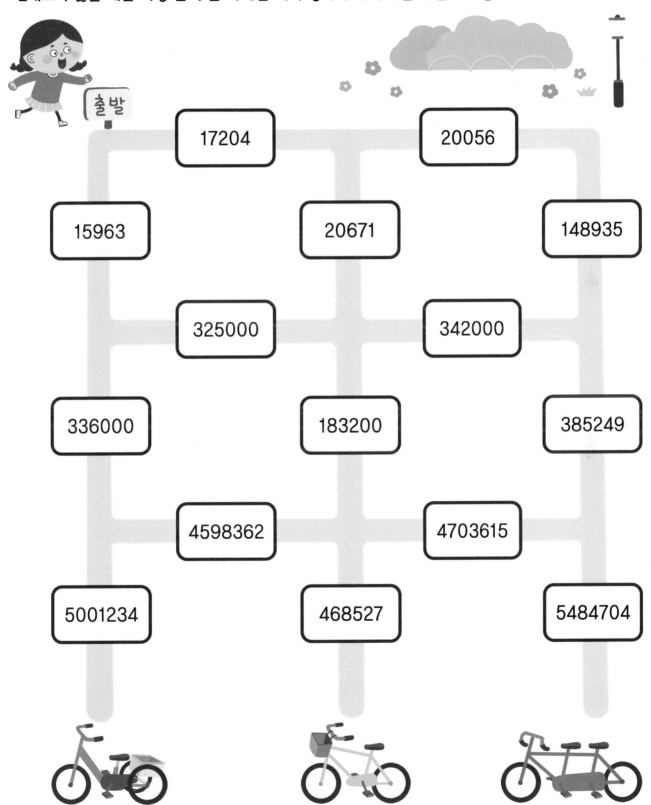

12 큰 수 평가

○ 설명하는 수가 얼마인지 써 보세요.

1 10000이 6개인 수

(   )

2 10000이 8개, 100이 5개, 1이 7개인 수

(   )

3 10000이 540개인 수

(   )

4 1억이 2394개인 수

(   )

5 1조가 802개, 1억이 20개인 수

(   )

○ 수를 읽어 보세요.

6 42173

(   )

7 752080000000000

(   )

○ 수로 나타내어 보세요.

8 오만 삼천이백팔십칠

(   )

9 천육십이만

(   )

10 삼천오백십육조 칠십일억

(   )

○ 빨간색 숫자가 나타내는 값을 써 보세요.

⑪
| 84301 |

(   )

⑫
| 79410000 |

(   )

⑬
| 356100000000 |

(   )

⑭
| 63000000000000 |

(   )

⑮
| 594200000000000 |

(   )

○ 규칙에 따라 빈칸에 알맞은 수를 써넣으세요.

⑯
| 32540 | 42540 | 52540 |

| | |

⑰
| 23억 60만 | | 25억 60만 |

| | 27억 60만 |

○ 두 수의 크기를 비교하여 ◯ 안에 >, =, <를 알맞게 써넣으세요.

⑱ 125464 ◯ 1258237

⑲ 20억 5642만 ◯ 19억 8357만

⑳ 3751조 14억 ◯ 4001조

2 각도의 계산

각도의 계산 방법을 알고,
삼각형과 사각형의 각도를 구하는 훈련이 중요한

13 각도의 합

○ **30°+10°의 계산**

각도의 합은 **자연수의 덧셈과 같은 방법**으로 계산합니다.

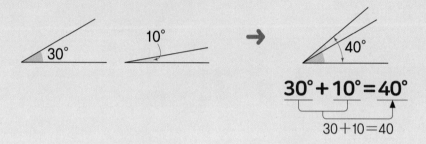

$$30° + 10° = 40°$$
$$30 + 10 = 40$$

● 각도의 합을 구하려고 합니다. ☐ 안에 알맞은 수를 써넣으세요.

1

$$30° + 20° = \boxed{}°$$
$$30 + 20 = \boxed{}$$

2

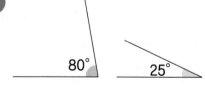 

$$80° + 25° = \boxed{}°$$
$$80 + 25 = \boxed{}$$

3

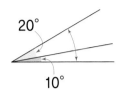

$10° + 20° = \boxed{}°$

4

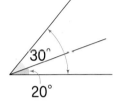

$20° + 30° = \boxed{}°$

5

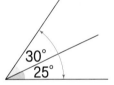

$25° + 30° = \boxed{}°$

6

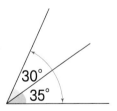

$35° + 30° = \boxed{}°$

7

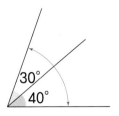

$40° + 30° = \boxed{}°$

8

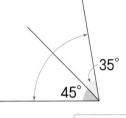

$45° + 35° = \boxed{}°$

9

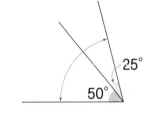

$50° + 25° = \boxed{}°$

10

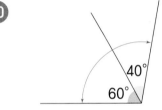

$60° + 40° = \boxed{}°$

11

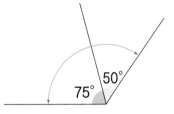

$75° + 50° = \boxed{}°$

12

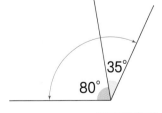

$80° + 35° = \boxed{}°$

◉ 각도의 합을 구하려고 합니다. ☐ 안에 알맞은 수를 써넣으세요.

13 $10° + 30° = \boxed{}°$

$10 + 30 = \boxed{}$

18 $55° + 55° = \boxed{}°$

$55 + 55 = \boxed{}$

23 $90° + 75° = \boxed{}°$

$90 + 75 = \boxed{}$

14 $20° + 20° = \boxed{}°$

$20 + 20 = \boxed{}$

19 $65° + 30° = \boxed{}°$

$65 + 30 = \boxed{}$

24 $95° + 40° = \boxed{}°$

$95 + 40 = \boxed{}$

15 $30° + 40° = \boxed{}°$

$30 + 40 = \boxed{}$

20 $70° + 60° = \boxed{}°$

$70 + 60 = \boxed{}$

25 $105° + 35° = \boxed{}°$

$105 + 35 = \boxed{}$

16 $40° + 60° = \boxed{}°$

$40 + 60 = \boxed{}$

21 $75° + 45° = \boxed{}°$

$75 + 45 = \boxed{}$

26 $125° + 10° = \boxed{}°$

$125 + 10 = \boxed{}$

17 $50° + 50° = \boxed{}°$

$50 + 50 = \boxed{}$

22 $80° + 85° = \boxed{}°$

$80 + 85 = \boxed{}$

27 $150° + 25° = \boxed{}°$

$150 + 25 = \boxed{}$

● **각도의 합을 구해 보세요.**

㉘ $10° + 40° =$

㉙ $20° + 35° =$

㉚ $20° + 50° =$

㉛ $30° + 40° =$

㉜ $40° + 25° =$

㉝ $45° + 30° =$

㉞ $50° + 60° =$

㉟ $55° + 35° =$

㊱ $60° + 45° =$

㊲ $65° + 80° =$

㊳ $70° + 95° =$

㊴ $75° + 60° =$

㊵ $80° + 65° =$

㊶ $85° + 70° =$

㊷ $90° + 35° =$

㊸ $90° + 65° =$

㊹ $100° + 25° =$

㊺ $115° + 55° =$

㊻ $120° + 15° =$

㊼ $135° + 30° =$

㊽ $145° + 25° =$

14 각도의 차

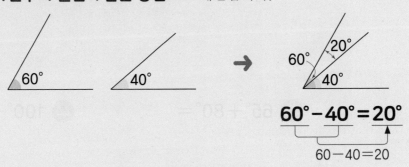

60°−40°의 계산

각도의 차는 **자연수의 뺄셈과 같은 방법**으로 계산합니다.

60°   40°   →   60° 20°
                   40°

60°−40°=20°

60−40=20

○ 각도의 차를 구하려고 합니다. ☐ 안에 알맞은 수를 써넣으세요.

1

50°   30°   ⇨

$$50° - 30° = \boxed{}°$$

50−30=$\boxed{}$

2

95°   35°   ⇨

$$95° - 35° = \boxed{}°$$

95−35=$\boxed{}$

3

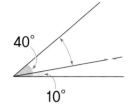

$40° - 10° = \boxed{}°$

4

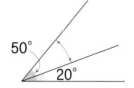

$50° - 20° = \boxed{}°$

5

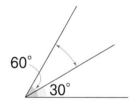

$60° - 30° = \boxed{}°$

6

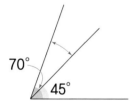

$70° - 45° = \boxed{}°$

7

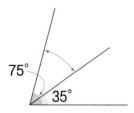

$75° - 35° = \boxed{}°$

8

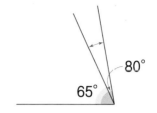

$80° - 65° = \boxed{}°$

9

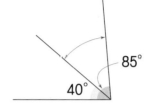

$85° - 40° = \boxed{}°$

10

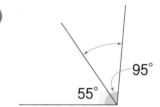

$95° - 55° = \boxed{}°$

11

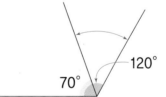

$120° - 70° = \boxed{}°$

12

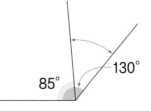

$130° - 85° = \boxed{}°$

● 각도의 차를 구하려고 합니다. ☐ 안에 알맞은 수를 써넣으세요.

13 $30° - 20° = $ ☐ °

$30 - 20 = $ ☐

14 $40° - 20° = $ ☐ °

$40 - 20 = $ ☐

15 $50° - 40° = $ ☐ °

$50 - 40 = $ ☐

16 $60° - 25° = $ ☐ °

$60 - 25 = $ ☐

17 $65° - 35° = $ ☐ °

$65 - 35 = $ ☐

18 $70° - 55° = $ ☐ °

$70 - 55 = $ ☐

19 $85° - 50° = $ ☐ °

$85 - 50 = $ ☐

20 $90° - 60° = $ ☐ °

$90 - 60 = $ ☐

21 $110° - 75° = $ ☐ °

$110 - 75 = $ ☐

22 $120° - 90° = $ ☐ °

$120 - 90 = $ ☐

23 $130° - 80° = $ ☐ °

$130 - 80 = $ ☐

24 $140° - 65° = $ ☐ °

$140 - 65 = $ ☐

25 $155° - 95° = $ ☐ °

$155 - 95 = $ ☐

26 $160° - 130° = $ ☐ °

$160 - 130 = $ ☐

27 $170° - 105° = $ ☐ °

$170 - 105 = $ ☐

○ 각도의 차를 구해 보세요.

28 $40° - 30° =$

35 $85° - 20° =$

42 $135° - 85° =$

29 $55° - 40° =$

36 $90° - 75° =$

43 $145° - 95° =$

30 $60° - 20° =$

37 $100° - 65° =$

44 $150° - 100° =$

31 $65° - 50° =$

38 $105° - 90° =$

45 $155° - 120° =$

32 $70° - 35° =$

39 $110° - 80° =$

46 $160° - 140° =$

33 $75° - 40° =$

40 $115° - 70° =$

47 $165° - 115° =$

34 $80° - 55° =$

41 $120° - 55° =$

48 $175° - 140° =$

15 삼각형의 세 각의 크기의 합

삼각형을 세 조각으로 잘라서 세 꼭짓점이 한 점에 모이도록 겹치지 않게 변과 변을 이어 붙이면 180°가 됩니다.

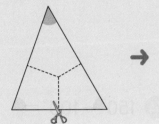 →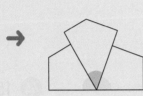

(삼각형의 세 각의 크기의 합)＝180°

○ 삼각형의 세 각의 크기의 합을 구하려고 합니다. ☐ 안에 알맞은 수를 써넣으세요.

1

⇨ 70°＋60°＋☐° ＝☐°

2
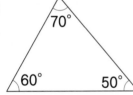

⇨ 30°＋120°＋☐° ＝☐°

3
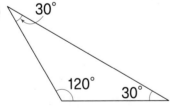

⇨ 95°＋☐° ＋65° ＝☐°

○ **각도의 차를 구해 보세요.**

㉘ $40° - 30° =$

㉟ $85° - 20° =$

㊷ $135° - 85° =$

㉙ $55° - 40° =$

㊱ $90° - 75° =$

㊸ $145° - 95° =$

㉚ $60° - 20° =$

㊲ $100° - 65° =$

㊹ $150° - 100° =$

㉛ $65° - 50° =$

㊳ $105° - 90° =$

㊺ $155° - 120° =$

㉜ $70° - 35° =$

㊴ $110° - 80° =$

㊻ $160° - 140° =$

㉝ $75° - 40° =$

㊵ $115° - 70° =$

㊼ $165° - 115° =$

㉞ $80° - 55° =$

㊶ $120° - 55° =$

㊽ $175° - 140° =$

15 삼각형의 세 각의 크기의 합

삼각형을 세 조각으로 잘라서 세 꼭짓점이 한 점에 모이도록 겹치지 않게 변과 변을 이어 붙이면 180°가 됩니다.

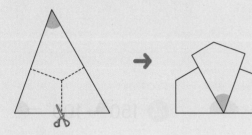

(삼각형의 세 각의 크기의 합)=180°

○ 삼각형의 세 각의 크기의 합을 구하려고 합니다. ☐ 안에 알맞은 수를 써넣으세요.

1

⇨ 70°+60°+ ☐° = ☐°

2

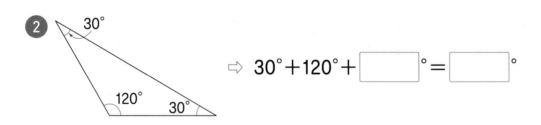

⇨ 30°+120°+ ☐° = ☐°

3

⇨ 95°+ ☐°+65° = ☐°

◎ ☐ 안에 알맞은 수를 써넣으세요.

4

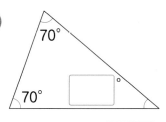

$$70° + 70° + \boxed{}° = 180°$$

$$180° - 70° - 70° = \boxed{}°$$

5

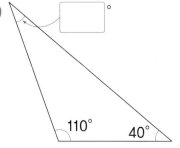

6

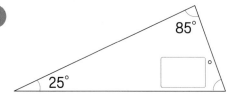

7

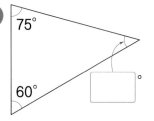

8

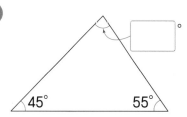

9

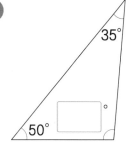

10

11

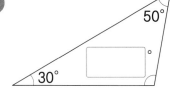

○ ⬚ 안에 알맞은 수를 써넣으세요.

12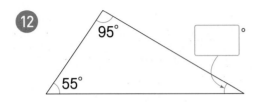

16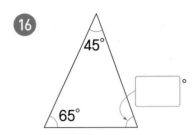

13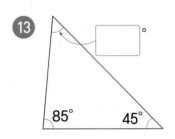

17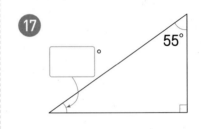

14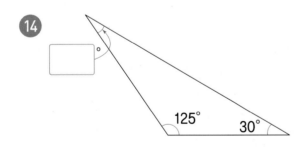

18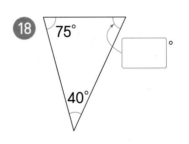

15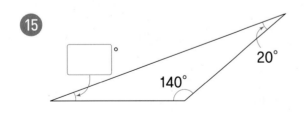

19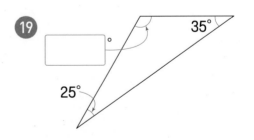

◉ **삼각형의 세 각 중 두 각의 크기가 다음과 같을 때 나머지 한 각의 크기를 구해 보세요.**

⑳ $50°, 40°$ —— $50°+40°+\square=180°$에서 $\square$ 안에 알맞은 각도를 구해요.

(　　　　　　　　)

㉕ $25°, 65°$

(　　　　　　　　)

㉑ $80°, 20°$

(　　　　　　　　)

㉖ $95°, 45°$

(　　　　　　　　)

㉒ $60°, 90°$

(　　　　　　　　)

㉗ $75°, 70°$

(　　　　　　　　)

㉓ $120°, 30°$

(　　　　　　　　)

㉘ $35°, 100°$

(　　　　　　　　)

㉔ $45°, 105°$

(　　　　　　　　)

㉙ $45°, 90°$

(　　　　　　　　)

사각형의 네 각의 크기의 합

사각형을 네 조각으로 잘라서 네 꼭짓점이 한 점에 모이도록 겹치지 않게 변과 변을 이어 붙이면 360°가 됩니다.

> (사각형의 네 각의 크기의 합)=360°

○ 사각형의 네 각의 크기의 합을 구하려고 합니다. ☐ 안에 알맞은 수를 써넣으세요.

1

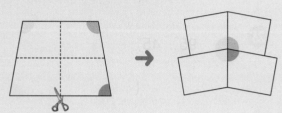

⇨ $130° + 50° + \boxed{}° + 120° = \boxed{}°$

2

⇨ $100° + \boxed{}° + 70° + 40° = \boxed{}°$

3

⇨ $120° + 50° + 100° + \boxed{}° = \boxed{}°$

◎ ☐ 안에 알맞은 수를 써넣으세요.

④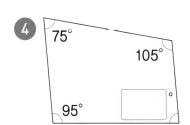

$$75° + 95° + \boxed{}° + 105° = 360°$$

$$360° \quad 75° \quad 95° - 105° = \boxed{}°$$

⑧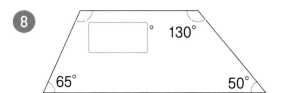

⑤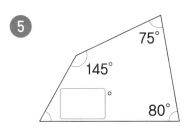

⑨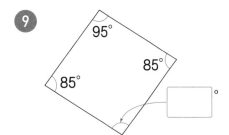

⑥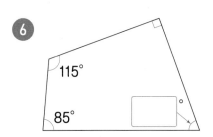

⑩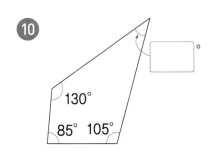

⑦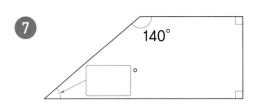

⑪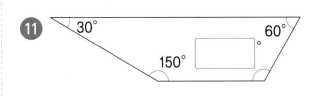

◎ ☐ 안에 알맞은 수를 써넣으세요.

12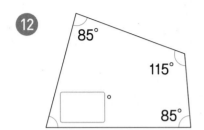

16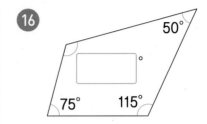

13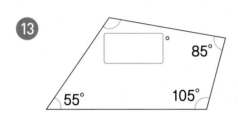

17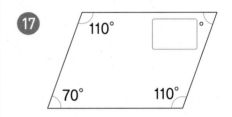

14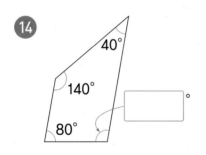

18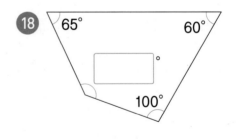

15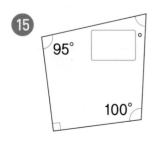

19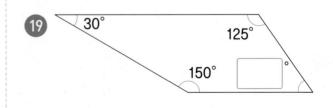

○ **사각형의 네 각 중 세 각의 크기가 다음과 같을 때 나머지 한 각의 크기를 구해 보세요.**

⑳ 70°, 120°, 80°

(   )

70°+120°+80°+□=360°에서
□ 안에 알맞은 각도를 구해요.

㉕ 85°, 85°, 150°

(   )

㉑ 130°, 40°, 60°

(   )

㉖ 115°, 50°, 95°

(   )

㉒ 80°, 90°, 105°

(   )

㉗ 55°, 120°, 40°

(   )

㉓ 100°, 100°, 40°

(   )

㉘ 30°, 130°, 75°

(   )

㉔ 140°, 45°, 85°

(   )

㉙ 65°, 70°, 150°

(   )

계산 Plus+

각도의 합과 차

◎ 빈칸에 알맞은 각도를 써넣으세요.

1

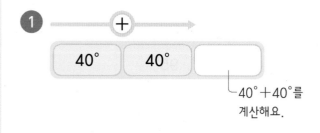

40° 40°

└─ 40°＋40°를
계산해요.

2

70° 55°

3

95° 80°

4

115° 25°

5

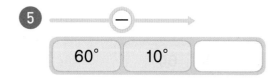

60° 10°

6

95° 60°

7

125° 85°

8

140° 95°

9

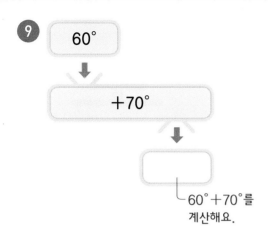

60°

↓

+70°

↓

└ 60°+70°를
계산해요.

10

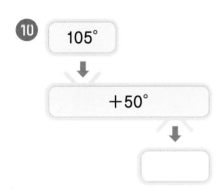

105°

↓

+50°

↓

11

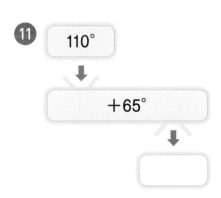

110°

↓

+65°

↓

12

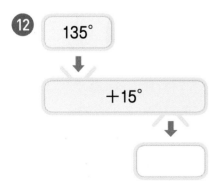

135°

↓

+15°

↓

13

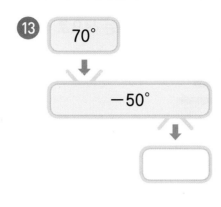

70°

↓

−50°

↓

14

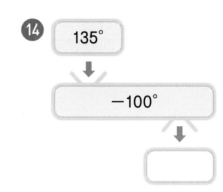

135°

↓

−100°

↓

15

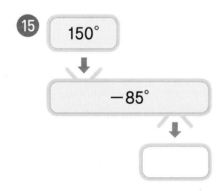

150°

↓

−85°

↓

16

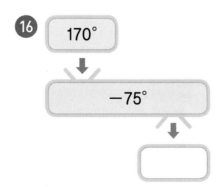

170°

↓

−75°

↓

각도의 합과 차를 구해 나타내는 색으로 색칠해 보세요.

35°

80°

115°

90°−55°

60°−25°

55°+60°

30°+50°

170°−90°

○ ☐ 안에 알맞은 수를 따라가면 준수가 선물로 받은 운동 기구를 알 수 있습니다.
준수가 받은 운동 기구에 ○표 하세요.

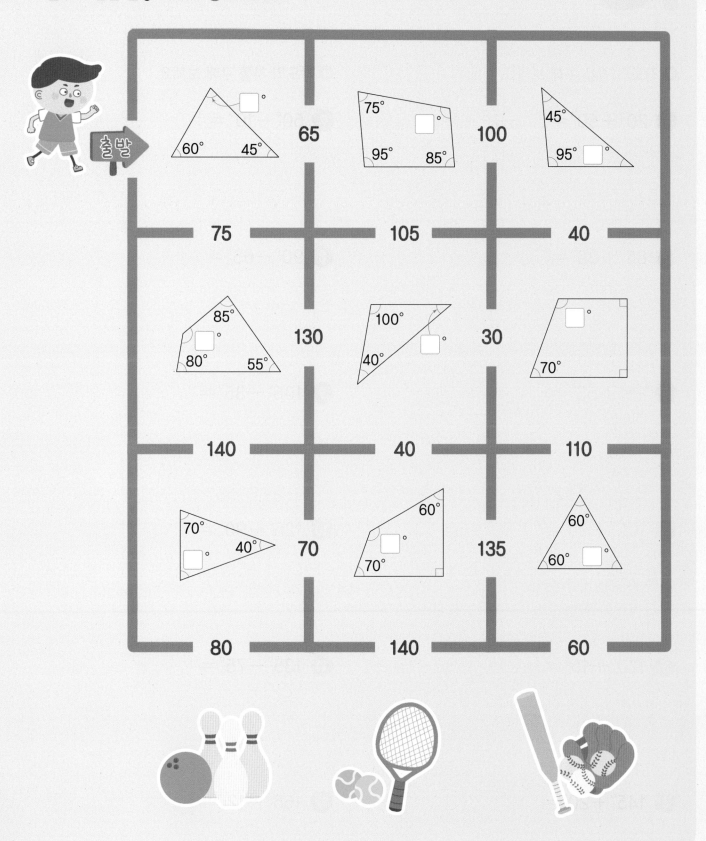

18 각도의 계산 평가

○ 각도의 합을 구해 보세요.

1. $20° + 50° =$

2. $65° + 85° =$

3. $80° + 55° =$

4. $105° + 30° =$

5. $120° + 15° =$

6. $145° + 20° =$

○ 각도의 차를 구해 보세요.

7. $50° - 10° =$

8. $90° - 65° =$

9. $105° - 35° =$

10. $125° - 90° =$

11. $135° - 75° =$

12. $165° - 120° =$

○ ☐ 안에 알맞은 수를 써넣으세요.

13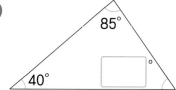

14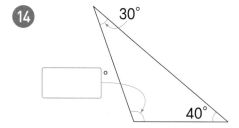

15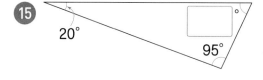

16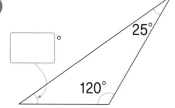

17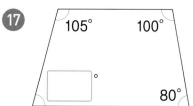

18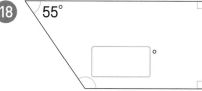

19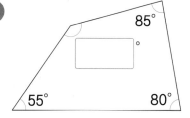

20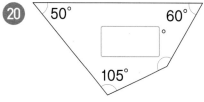

3

(세 자리 수)×(두 자리 수)의 훈련이 중요한

곱셈

(몇백)×(몇십)

300×40의 계산

(몇)×(몇)의 값에 0을 3개 붙입니다.

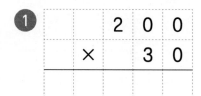

$$300×40=12000$$

$3×4=12$

```
      3 0 0
  ×     4 0
  1 2 0 0 0
```
$3×4=12$

0이 3개

○ 계산해 보세요.

1
```
      2 0 0
  ×     3 0
```

4
```
      4 0 0
  ×     9 0
```

7
```
      7 0 0
  ×     7 0
```

2
```
      2 0 0
  ×     8 0
```

5
```
      5 0 0
  ×     4 0
```

8
```
      8 0 0
  ×     5 0
```

3
```
      3 0 0
  ×     7 0
```

6
```
      6 0 0
  ×     8 0
```

9
```
      9 0 0
  ×     4 0
```

10
$$\begin{array}{r} 200 \\ \times\ 40 \\ \hline \end{array}$$

16
$$\begin{array}{r} 500 \\ \times\ 20 \\ \hline \end{array}$$

22
$$\begin{array}{r} 700 \\ \times\ 50 \\ \hline \end{array}$$

11
$$\begin{array}{r} 200 \\ \times\ 60 \\ \hline \end{array}$$

17
$$\begin{array}{r} 500 \\ \times\ 70 \\ \hline \end{array}$$

23
$$\begin{array}{r} 700 \\ \times\ 80 \\ \hline \end{array}$$

12
$$\begin{array}{r} 300 \\ \times\ 50 \\ \hline \end{array}$$

18
$$\begin{array}{r} 500 \\ \times\ 90 \\ \hline \end{array}$$

24
$$\begin{array}{r} 800 \\ \times\ 20 \\ \hline \end{array}$$

13
$$\begin{array}{r} 300 \\ \times\ 80 \\ \hline \end{array}$$

19
$$\begin{array}{r} 600 \\ \times\ 30 \\ \hline \end{array}$$

25
$$\begin{array}{r} 800 \\ \times\ 60 \\ \hline \end{array}$$

14
$$\begin{array}{r} 400 \\ \times\ 30 \\ \hline \end{array}$$

20
$$\begin{array}{r} 600 \\ \times\ 60 \\ \hline \end{array}$$

26
$$\begin{array}{r} 900 \\ \times\ 30 \\ \hline \end{array}$$

15
$$\begin{array}{r} 400 \\ \times\ 70 \\ \hline \end{array}$$

21
$$\begin{array}{r} 600 \\ \times\ 90 \\ \hline \end{array}$$

27
$$\begin{array}{r} 900 \\ \times\ 80 \\ \hline \end{array}$$

○ ☐ 안에 알맞은 수를 써넣으세요.

㉘ $200 \times 20 =$ ☐
$2 \times 2 =$ ☐

㉞ $400 \times 50 =$ ☐
$4 \times 5 =$ ☐

㊵ $700 \times 20 =$ ☐
$7 \times 2 =$ ☐

㉙ $200 \times 90 =$ ☐
$2 \times 9 =$ ☐

㉟ $400 \times 80 =$ ☐
$4 \times 8 =$ ☐

㊶ $700 \times 40 =$ ☐
$7 \times 4 =$ ☐

㉚ $300 \times 40 =$ ☐
$3 \times 4 =$ ☐

㊱ $500 \times 50 =$ ☐
$5 \times 5 =$ ☐

㊷ $800 \times 30 =$ ☐
$8 \times 3 =$ ☐

㉛ $300 \times 60 =$ ☐
$3 \times 6 =$ ☐

㊲ $500 \times 90 =$ ☐
$5 \times 9 =$ ☐

㊸ $800 \times 80 =$ ☐
$8 \times 8 =$ ☐

㉜ $300 \times 70 =$ ☐
$3 \times 7 =$ ☐

㊳ $600 \times 40 =$ ☐
$6 \times 4 =$ ☐

㊹ $900 \times 50 =$ ☐
$9 \times 5 =$ ☐

㉝ $400 \times 30 =$ ☐
$4 \times 3 =$ ☐

㊴ $600 \times 70 =$ ☐
$6 \times 7 =$ ☐

㊺ $900 \times 90 =$ ☐
$9 \times 9 =$ ☐

○ 계산해 보세요.

46 $200 \times 30 =$

47 $200 \times 50 =$

48 $200 \times 70 =$

49 $300 \times 20 =$

50 $300 \times 50 =$

51 $400 \times 40 =$

52 $400 \times 60 =$

53 $400 \times 70 =$

54 $500 \times 30 =$

55 $500 \times 60 =$

56 $500 \times 80 =$

57 $600 \times 20 =$

58 $600 \times 50 =$

59 $700 \times 30 =$

60 $700 \times 60 =$

61 $700 \times 90 =$

62 $800 \times 40 =$

63 $800 \times 70 =$

64 $800 \times 90 =$

65 $900 \times 20 =$

66 $900 \times 70 =$

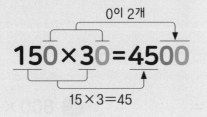

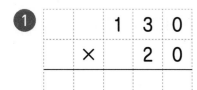

20 (몇백몇십)×(몇십)

○ **150×30의 계산**

(몇십몇)×(몇)의 값에 0을 2개 붙입니다.

0이 2개

150×30=4500

15×3=45

```
    1 5 0
  ×   3 0    0이 2개
  ─────────
  4 5 0 0
  15×3=45
```

○ 계산해 보세요.

1
```
      1 3 0
  ×     2 0
  ─────────
```

2
```
      3 2 0
  ×     5 0
  ─────────
```

3
```
      4 6 0
  ×     4 0
  ─────────
```

4
```
      5 7 0
  ×     3 0
  ─────────
```

5
```
      6 8 0
  ×     6 0
  ─────────
```

6
```
      7 3 0
  ×     8 0
  ─────────
```

7
```
      8 2 0
  ×     9 0
  ─────────
```

8
```
      8 4 0
  ×     4 0
  ─────────
```

9
```
      9 2 0
  ×     7 0
  ─────────
```

⑩
$$150 \times 50$$

⑯
$$430 \times 50$$

㉒
$$740 \times 60$$

⑪
$$190 \times 40$$

⑰
$$480 \times 20$$

㉓
$$750 \times 80$$

⑫
$$220 \times 50$$

⑱
$$520 \times 60$$

㉔
$$830 \times 90$$

⑬
$$260 \times 70$$

⑲
$$530 \times 80$$

㉕
$$860 \times 90$$

⑭
$$340 \times 80$$

⑳
$$580 \times 90$$

㉖
$$930 \times 70$$

⑮
$$360 \times 60$$

㉑
$$690 \times 40$$

㉗
$$970 \times 30$$

○ 계산해 보세요.

28 140×80=

각 자리를
맞추어 쓴 후
세로로 계산해요.

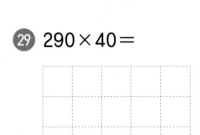

29 290×40=

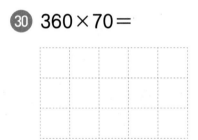

30 360×70=

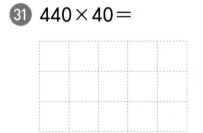

31 440×40=

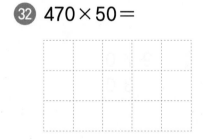

32 470×50=

33 540×90=

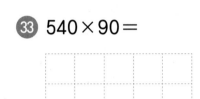

34 590×20=

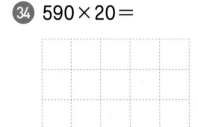

35 620×80=

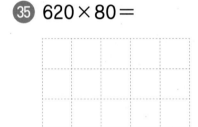

36 660×60=

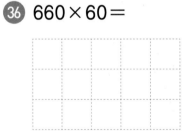

37 750×30=

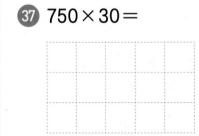

38 770×50=

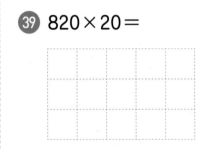

39 820×20=

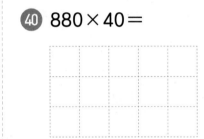

40 880×40=

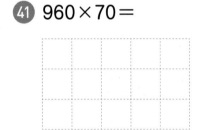

41 960×70=

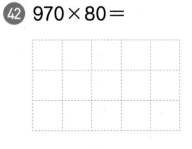

42 970×80=

43 $160 \times 40 =$

44 $190 \times 60 =$

45 $230 \times 50 =$

46 $260 \times 90 =$

47 $350 \times 80 =$

48 $380 \times 40 =$

49 $470 \times 30 =$

50 $490 \times 50 =$

51 $520 \times 40 =$

52 $550 \times 90 =$

53 $580 \times 20 =$

54 $630 \times 70 =$

55 $650 \times 30 =$

56 $680 \times 50 =$

57 $720 \times 30 =$

58 $740 \times 70 =$

59 $760 \times 80 =$

60 $850 \times 60 =$

61 $870 \times 50 =$

62 $950 \times 40 =$

63 $990 \times 20 =$

21 계산 Plus+

(몇백) × (몇십), (몇백몇십) × (몇십)

○ 빈칸에 알맞은 수를 써넣으세요.

1

×50

400 →

└ 400 × 50을
계산해요.

5

×60

310 →

2

×70

500 →

6

×80

630 →

3

×90

700 →

7

×50

830 →

4

×60

900 →

8

×40

940 →

9   300 ➡ ×60 ➡ ⬚

└ 300×60을
계산해요.

10   400 ➡ ×70 ➡ ⬚

11   600 ➡ ×90 ➡ ⬚

12   700 ➡ ×20 ➡ ⬚

13   800 ➡ ×90 ➡ ⬚

14   900 ➡ ×20 ➡ ⬚

15   280 ➡ ×40 ➡ ⬚

16   470 ➡ ×90 ➡ ⬚

17   590 ➡ ×50 ➡ ⬚

18   740 ➡ ×30 ➡ ⬚

19   830 ➡ ×70 ➡ ⬚

20   980 ➡ ×80 ➡ ⬚

곱셈을 하여 관계있는 것끼리 선으로 이어 보세요.

480 × 70

860 × 30

700 × 80

600 × 50

570 × 90

56000

25800

51300

33600

30000

○ 가로 열쇠와 세로 열쇠를 보고 퍼즐을 완성해 보세요.

가로 열쇠
❷ 150 × 20
❹ 200 × 40
❺ 250 × 30

세로 열쇠
❶ 700 × 90
❸ 410 × 50
❺ 120 × 60

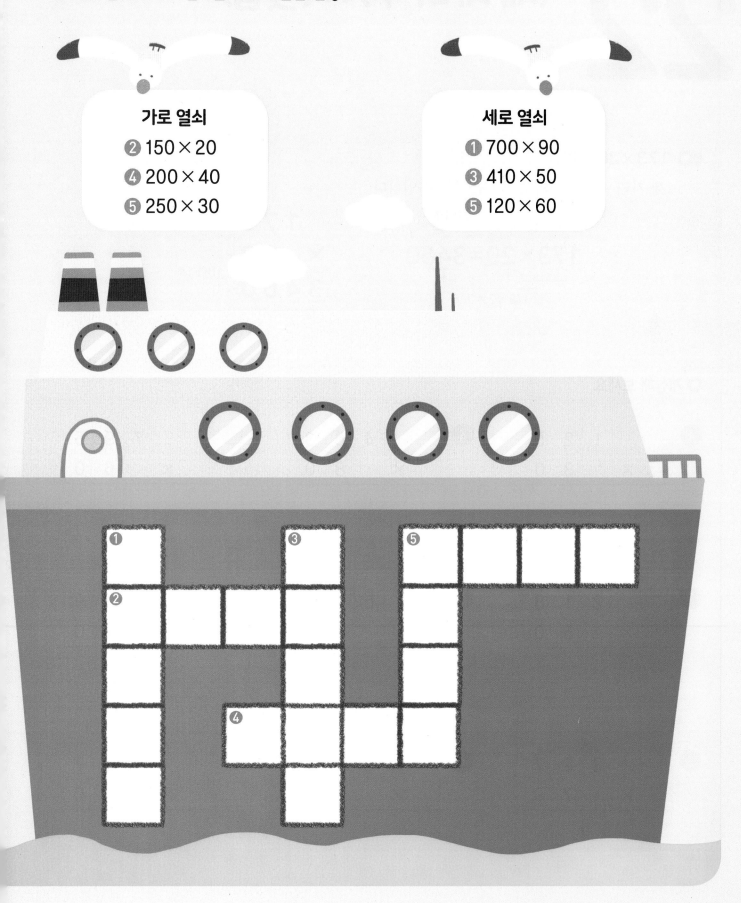

(세 자리 수)×(몇십)

○ **173×20의 계산**

(세 자리 수)×(몇)의 값에 0을 1개 붙입니다.

$$173 \times 20 = 3460$$

$$173 \times 2 = 346$$

173
× 20
3460

173×2=346

○ **계산해 보세요.**

1
```
    1 2 5
  ×   3 0
```

4
```
    4 6 3
  ×   8 0
```

7
```
    7 9 5
  ×   6 0
```

2
```
    2 1 8
  ×   5 0
```

5
```
    5 3 2
  ×   9 0
```

8
```
    8 1 9
  ×   3 0
```

3
```
    3 2 7
  ×   7 0
```

6
```
    6 9 5
  ×   5 0
```

9
```
    9 2 7
  ×   4 0
```

⑩
$$\begin{array}{r} 134 \\ \times\ \ 20 \\ \hline \end{array}$$

⑯
$$\begin{array}{r} 427 \\ \times\ \ 30 \\ \hline \end{array}$$

㉒
$$\begin{array}{r} 734 \\ \times\ \ 40 \\ \hline \end{array}$$

⑪
$$\begin{array}{r} 145 \\ \times\ \ 40 \\ \hline \end{array}$$

⑰
$$\begin{array}{r} 483 \\ \times\ \ 80 \\ \hline \end{array}$$

㉓
$$\begin{array}{r} 756 \\ \times\ \ 60 \\ \hline \end{array}$$

⑫
$$\begin{array}{r} 229 \\ \times\ \ 60 \\ \hline \end{array}$$

⑱
$$\begin{array}{r} 536 \\ \times\ \ 70 \\ \hline \end{array}$$

㉔
$$\begin{array}{r} 818 \\ \times\ \ 80 \\ \hline \end{array}$$

⑬
$$\begin{array}{r} 293 \\ \times\ \ 30 \\ \hline \end{array}$$

⑲
$$\begin{array}{r} 548 \\ \times\ \ 90 \\ \hline \end{array}$$

㉕
$$\begin{array}{r} 872 \\ \times\ \ 40 \\ \hline \end{array}$$

⑭
$$\begin{array}{r} 357 \\ \times\ \ 90 \\ \hline \end{array}$$

⑳
$$\begin{array}{r} 609 \\ \times\ \ 20 \\ \hline \end{array}$$

㉖
$$\begin{array}{r} 941 \\ \times\ \ 50 \\ \hline \end{array}$$

⑮
$$\begin{array}{r} 362 \\ \times\ \ 70 \\ \hline \end{array}$$

㉑
$$\begin{array}{r} 624 \\ \times\ \ 50 \\ \hline \end{array}$$

㉗
$$\begin{array}{r} 963 \\ \times\ \ 30 \\ \hline \end{array}$$

○ 계산해 보세요.

28 $157 \times 30 =$

33 $548 \times 20 =$

38 $773 \times 70 =$

29 $276 \times 60 =$

34 $573 \times 90 =$

39 $825 \times 50 =$

30 $332 \times 40 =$

35 $646 \times 50 =$

40 $894 \times 60 =$

31 $394 \times 30 =$

36 $687 \times 40 =$

41 $927 \times 80 =$

32 $409 \times 80 =$

37 $734 \times 60 =$

42 $959 \times 30 =$

43 $123 \times 80 =$

44 $147 \times 40 =$

45 $249 \times 60 =$

46 $265 \times 50 =$

47 $308 \times 30 =$

48 $372 \times 70 =$

49 $393 \times 20 =$

50 $415 \times 40 =$

51 $436 \times 60 =$

52 $485 \times 50 =$

53 $518 \times 20 =$

54 $567 \times 90 =$

55 $629 \times 30 =$

56 $672 \times 80 =$

57 $683 \times 90 =$

58 $745 \times 30 =$

59 $769 \times 70 =$

60 $856 \times 60 =$

61 $879 \times 50 =$

62 $923 \times 80 =$

63 $984 \times 40 =$

23 (세 자리 수)×(두 자리 수)

226×34의 계산

(세 자리 수)×(두 자리 수)는 (세 자리 수)×(몇)과 (세 자리 수)×(몇십)으로 나누어 각각 계산한 후 두 곱을 더합니다.

```
    2 2 6              2 2 6              2 2 6
  ×   3 4      →     ×   3 4      →     ×   3 4
    9 0 4              9 0 4              9 0 4
  226×4=904          6 7 8 0            6 7 8 0
                   226×30=6780          7 6 8 4
                                      904+6780=7684
```

계산해 보세요.

1
```
    1 2 4
  ×   2 3
```

3
```
    4 3 7
  ×   1 6
```

5
```
    7 4 3
  ×   5 4
```

2
```
    3 1 8
  ×   3 2
```

4
```
    6 5 2
  ×   4 8
```

6
```
    9 6 2
  ×   1 7
```

7
```
    1 5 7
  ×   3 2
```

8
```
    1 8 6
  ×   2 5
```

9
```
    2 4 8
  ×   5 3
```

10
```
    3 6 1
  ×   4 7
```

11
```
    3 9 2
  ×   6 4
```

12
```
    4 2 2
  ×   9 5
```

13
```
    4 7 3
  ×   8 6
```

14
```
    5 0 4
  ×   6 7
```

15
```
    5 5 2
  ×   5 8
```

16
```
    6 8 5
  ×   2 9
```

17
```
    7 1 9
  ×   3 4
```

18
```
    7 4 5
  ×   9 2
```

19
```
    8 2 7
  ×   7 5
```

20
```
    8 6 4
  ×   6 3
```

21
```
    9 2 5
  ×   4 8
```

○ 계산해 보세요.

㉒ 158×63＝

㉓ 245×86＝

㉔ 327×55＝

㉕ 496×32＝

㉖ 579×76＝

㉗ 623×49＝

㉘ 682×98＝

㉙ 754×67＝

㉚ 822×39＝

㉛ 887×25＝

㉜ 919×43＝

㉝ 974×58＝

㉞ $139 \times 57 =$

㊶ $467 \times 43 =$

㊸ $743 \times 23 =$

㉟ $186 \times 68 =$

㊷ $519 \times 74 =$

㊾ $793 \times 88 =$

㊱ $283 \times 29 =$

㊸ $535 \times 62 =$

㊿ $816 \times 45 =$

㊲ $294 \times 46 =$

㊹ $578 \times 31 =$

51 $839 \times 72 =$

㊳ $355 \times 98 =$

㊺ $614 \times 56 =$

52 $878 \times 65 =$

㊴ $372 \times 72 =$

㊻ $673 \times 89 =$

53 $935 \times 37 =$

㊵ $427 \times 85 =$

㊼ $709 \times 94 =$

54 $971 \times 59 =$

24 계산 Plus+

(세 자리 수) × (두 자리 수)

○ 빈칸에 알맞은 수를 써넣으세요.

1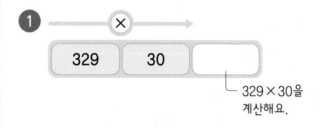

329   ×   30

└ 329 × 30을
  계산해요.

5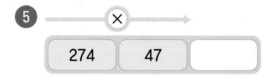

274   ×   47

2

447   ×   50

6

539   ×   95

3

678   ×   60

7

753   ×   78

4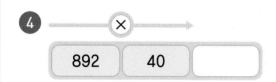

892   ×   40

8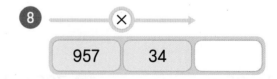

957   ×   34

9 284 → ×40 → ☐

└ 284×40을 계산해요.

10 539 → ×60 → ☐

11 618 → ×20 → ☐

12 792 → ×90 → ☐

13 199 → ×65 → ☐

14 407 → ×72 → ☐

15 583 → ×85 → ☐

16 886 → ×56 → ☐

● 화살표를 따라 만나는 두 수를 곱했을 때의 계산 결과를 빈칸에 써넣으세요.

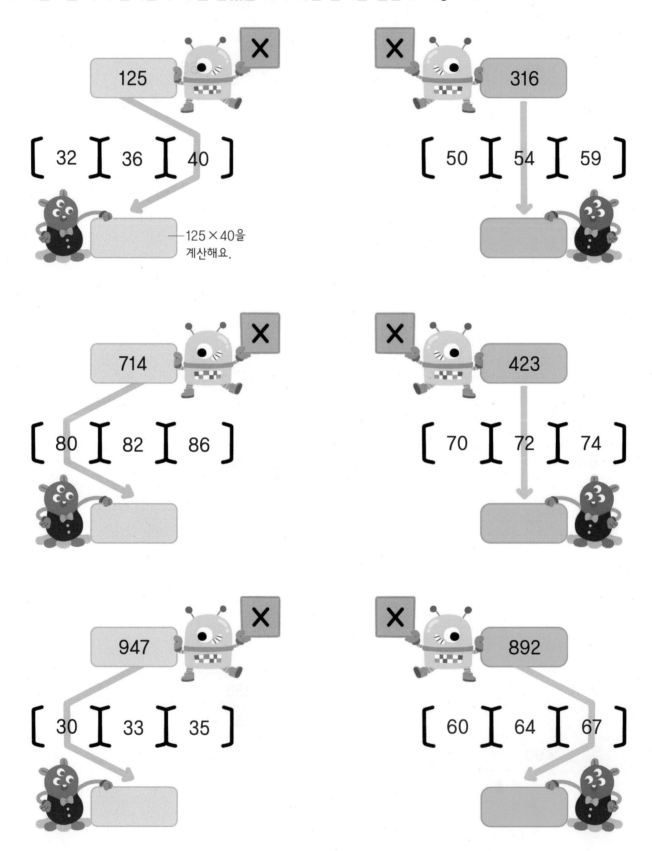

×

125

[32] 36] 40]

—125 × 40을
계산해요.

×

316

[50] 54] 59]

×

714

[80] 82] 86]

×

423

[70] 72] 74]

×

947

[30] 33] 35]

×

892

[60] 64] 67]

◎ 우진이가 방에서 탈출하기 위해서는 비밀번호가 필요합니다.
곱을 이용하여 비밀번호를 찾아보세요.

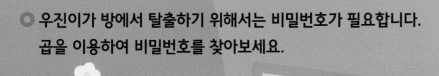

$602 \times 46 = 2\ \boxed{\text{㉠}}\ 692$

$545 \times 73 = 397\ \boxed{\text{㉡}}\ 5$

$376 \times 81 = 3\ \boxed{\text{㉢}}\ 456$

$924 \times 48 = 44\ \boxed{\text{㉣}}\ 52$

비밀번호는 [㉠][㉡][㉢][㉣] 입니다.

25 곱셈 평가

○ 계산해 보세요.

1
```
    4 0 0
  ×   9 0
```

2
```
    6 0 0
  ×   7 0
```

3
```
    5 7 0
  ×   8 0
```

4
```
    7 3 0
  ×   6 0
```

5
```
    8 9 0
  ×   4 0
```

6
```
    3 2 9
  ×   5 0
```

7
```
    5 6 2
  ×   9 0
```

8
```
    2 8 4
  ×   5 3
```

9
```
    4 3 8
  ×   7 5
```

10
```
    8 7 3
  ×   4 2
```

⑪ 300×60＝

⑫ 530×80＝

⑬ 640×40＝

⑭ 726×90＝

⑮ 834×49＝

⑯ 957×83＝

○ 빈칸에 알맞은 수를 써넣으세요.

⑰
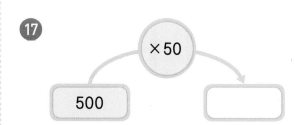

⑱
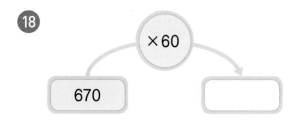

⑲
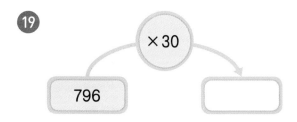

⑳
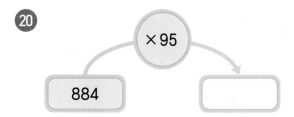

4 나눗셈

나누는 수가 두 자리 수인
나눗셈의 훈련이 중요한

나눗셈의 훈련이 중요한

(몇백몇십) ÷ (몇십)

○ 150 ÷ 50의 계산

(몇십몇) ÷ (몇)을 계산하여 몫을 구합니다.

$$150 \div 50 = 3$$

15 ÷ 5 = 3

$$50 \overline{)150} \quad \begin{array}{c} 3 \\ 150 \\ \hline 0 \end{array}$$

> 150 ÷ 50의 몫과
> 15 ÷ 5의 몫은
> 같습니다.

○ 계산해 보세요.

1
$$30 \overline{)120}$$

3
$$40 \overline{)240}$$

5
$$80 \overline{)640}$$

2
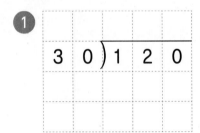

4
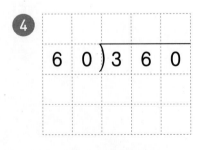

6
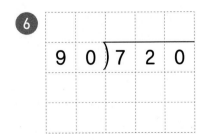

7
20) 1 4 0

8
40) 1 6 0

9
50) 2 0 0

10
30) 2 4 0

11
70) 2 8 0

12
80) 3 2 0

13
50) 3 5 0

14
90) 3 6 0

15
80) 4 0 0

16
60) 4 2 0

17
90) 4 5 0

18
60) 4 8 0

19
70) 4 9 0

20
60) 5 4 0

21
80) 5 6 0

22
90) 6 3 0

23
80) 7 2 0

24
90) 8 1 0

○ ☐ 안에 알맞은 수를 써넣으세요.

㉕ 100÷20 = ☐

　　10÷2 = ☐

㉖ 140÷70 = ☐

　　14÷7 = ☐

㉗ 150÷30 = ☐

　　15÷3 = ☐

㉘ 210÷70 = ☐

　　21÷7 = ☐

㉙ 250÷50 = ☐

　　25÷5 = ☐

㉚ 280÷40 = ☐

　　28÷4 = ☐

㉛ 320÷40 = ☐

　　32÷4 = ☐

㉜ 360÷90 = ☐

　　36÷9 = ☐

㉝ 400÷50 = ☐

　　40÷5 = ☐

㉞ 420÷70 = ☐

　　42÷7 = ☐

㉟ 450÷90 = ☐

　　45÷9 = ☐

㊱ 480÷80 = ☐

　　48÷8 = ☐

㊲ 490÷70 = ☐

　　49÷7 = ☐

㊳ 540÷60 = ☐

　　54÷6 = ☐

㊴ 560÷80 = ☐

　　56÷8 = ☐

㊵ 630÷70 = ☐

　　63÷7 = ☐

㊶ 640÷80 = ☐

　　64÷8 = ☐

㊷ 720÷90 = ☐

　　72÷9 = ☐

○ 계산해 보세요.

㊸ 100÷50 =

㊿ 270÷30 =

㊼ 450÷50 =

㊹ 120÷60 =

51 280÷70 =

58 480÷60 =

㊺ 150÷50 =

52 300÷60 =

59 540÷90 =

㊻ 160÷20 =

53 320÷80 =

60 560÷70 =

㊼ 180÷20 =

54 360÷40 =

61 630÷90 =

㊽ 200÷40 =

55 400÷80 =

62 720÷80 =

㊾ 240÷80 =

56 420÷60 =

63 810÷90 =

 (두 자리 수) ÷ (몇십)

66÷30의 계산

두 자리 수에 몇십이 몇 번 들어가는지 생각하여 몫과 나머지를 구합니다.

$$30 \times 1 = 30$$
$$30 \times 2 = 60$$
$$30 \times 3 = 90$$

$$
\begin{array}{r}
2 \\
30{\overline{\smash{\big)}\,66}} \\
\underline{60} \\
6
\end{array}
$$

2 — 몫
6 — 나머지

$$66 \div 30 = 2 \cdots 6 \rightarrow \boxed{몫\ 2} \quad \boxed{나머지\ 6}$$

계산해 보세요.

1
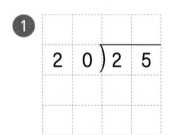

$$20{\overline{\smash{\big)}\,25}}$$

2

$$30{\overline{\smash{\big)}\,34}}$$

3
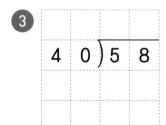

$$40{\overline{\smash{\big)}\,58}}$$

4
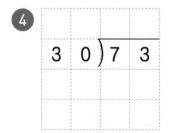

$$30{\overline{\smash{\big)}\,73}}$$

5

$$40{\overline{\smash{\big)}\,87}}$$

6
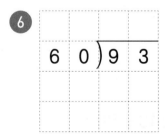

$$60{\overline{\smash{\big)}\,93}}$$

7　20) 2 3

8　30) 3 2

9　20) 3 6

10　40) 4 2

11　20) 4 5

12　30) 4 9

13　40) 5 2

14　50) 5 5

15　20) 5 8

16　30) 6 1

17　40) 6 3

18　50) 7 2

19　30) 7 4

20　20) 7 7

21　40) 8 5

22　60) 8 9

23　70) 9 6

24　20) 9 8

● 계산해 보세요.

㉕ 33÷30 =

각 자리를
맞추어 쓴 후
세로로 계산해요.

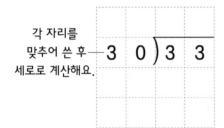

㉙ 64÷30 =

㉝ 82÷40 =

㉖ 41÷20 =

㉚ 66÷40 =

㉞ 88÷50 =

㉗ 48÷30 =

㉛ 73÷50 =

㉟ 95÷20 =

㉘ 59÷40 =

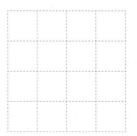

㉜ 79÷20 =

㊱ 97÷30 =

㊲ 28÷20=

㊳ 35÷20=

㊴ 38÷30=

㊵ 43÷20=

㊶ 44÷40=

㊷ 47÷30=

㊸ 53÷20=

㊹ 56÷30=

㊺ 58÷50=

㊻ 62÷40=

㊼ 65÷30=

㊽ 69÷20=

㊾ 71÷30=

㊿ 77÷50=

(51) 78÷40=

(52) 83÷70=

(53) 86÷20=

(54) 87÷50=

(55) 91÷30=

(56) 94÷20=

(57) 99÷40=

(세 자리 수) ÷ (몇십)

○ **165÷40의 계산**

세 자리 수에 몇십이 몇 번 들어가는지 생각하여 몫과 나머지를 구합니다.

$$40\times3=120$$
$$40\times4=160$$
$$40\times5=200$$

$$\begin{array}{r} 4 \\ 40\overline{)165} \\ 160 \\ \hline 5 \end{array}$$

$$165\div40=4\cdots5 \rightarrow \boxed{몫}\ 4 \quad \boxed{나머지}\ 5$$

○ **계산해 보세요.**

1
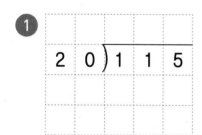

3
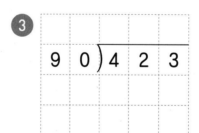

5
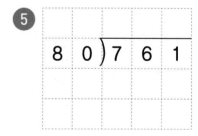

2
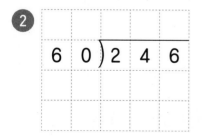

4
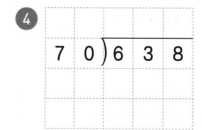

6
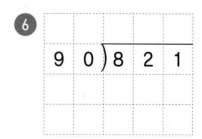

7 30) 1 2 9

8 40) 1 6 2

9 20) 1 7 2

10 80) 2 5 3

11 30) 2 7 9

12 60) 3 0 5

13 50) 3 2 8

14 90) 4 5 1

15 50) 4 7 4

16 70) 5 1 6

17 60) 5 6 8

18 90) 6 4 3

19 70) 6 5 2

20 90) 7 3 5

21 80) 7 4 3

22 80) 7 6 4

23 90) 8 0 7

24 90) 8 3 6

○ 계산해 보세요.

㉕ 132÷40 =

㉙ 327÷80 =

㉝ 526÷70 =

㉖ 175÷30 =

㉚ 369÷60 =

㉞ 638÷80 =

㉗ 245÷40 =

㉛ 418÷90 =

㉟ 759÷80 =

㉘ 284÷70 =

㉜ 463÷80 =

㊱ 811÷90 =

㊲ 127÷30＝

㊳ 159÷70＝

㊴ 172÷40＝

㊵ 212÷60＝

㊶ 258÷50＝

㊷ 293÷30＝

㊸ 324÷70＝

㊹ 335÷60＝

㊺ 388÷50＝

㊻ 426÷70＝

㊼ 474÷90＝

㊽ 481÷80＝

㊾ 549÷70＝

㊿ 577÷60＝

(51) 643÷70＝

(52) 692÷80＝

(53) 718÷90＝

(54) 731÷80＝

(55) 795÷90＝

(56) 826÷90＝

(57) 884÷90＝

29 계산 Plus+

몇십으로 나누기

○ 빈칸에 알맞은 수를 써넣으세요.

○ 몫은 ☐ 안에, 나머지는 ◯ 안에 써넣으세요.

1

÷80

160

160÷80을
계산해요.

5

÷30

38

38÷30의 몫과 나머지를 써요.

2

÷30

240

6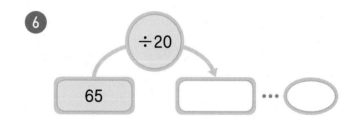

÷20

65

···

3

÷60

360

7

÷50

74

···

4

÷90

720

8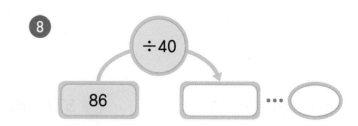

÷40

86

···

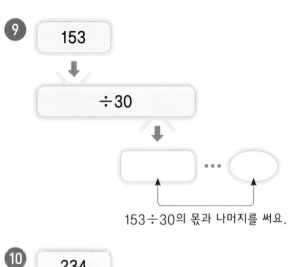

9

153

÷30

···

153÷30의 몫과 나머지를 써요.

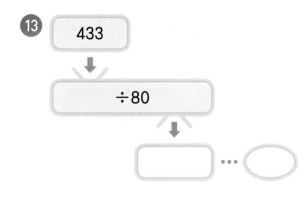

13

433

÷80

···

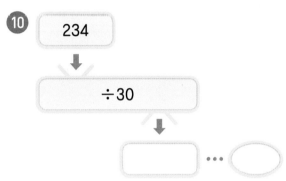

10

234

÷30

···

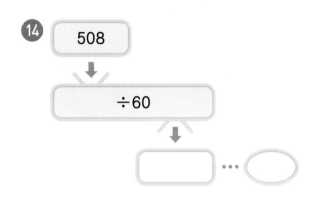

14

508

÷60

···

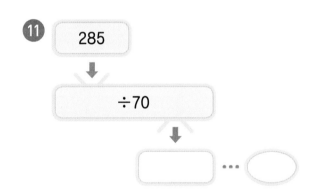

11

285

÷70

···

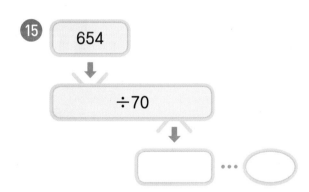

15

654

÷70

···

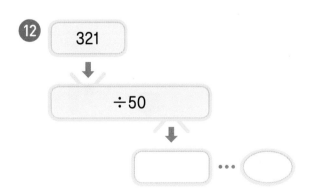

12

321

÷50

···

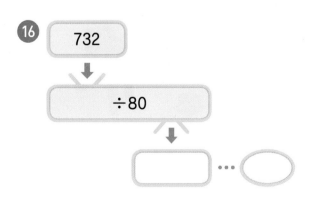

16

732

÷80

···

나눗셈식을 넣으면 몫과 나머지가 나오는 기계가 있습니다.
기계에서 나온 몫과 나머지에 알맞은 나눗셈식에 ◯표 하세요.

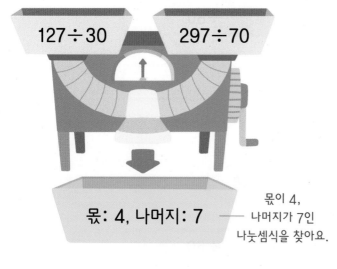

127÷30   297÷70

몫: 4, 나머지: 7

몫이 4,
나머지가 7인
나눗셈식을 찾아요.

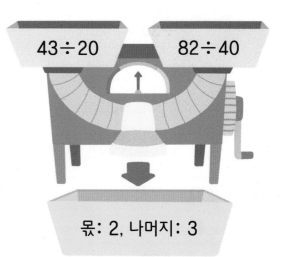

43÷20   82÷40

몫: 2, 나머지: 3

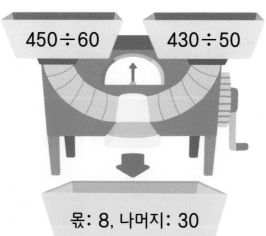

450÷60   430÷50

몫: 8, 나머지: 30

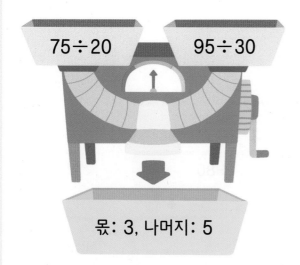

75÷20   95÷30

몫: 3, 나머지: 5

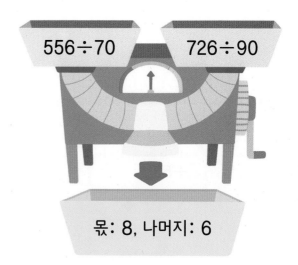

556÷70   726÷90

몫: 8, 나머지: 6

엄마 다람쥐는 계산 결과가 바르게 적힌 곳의 간식을 가지고 아기 다람쥐에게 가려고 합니다.
엄마 다람쥐가 가져갈 수 있는 간식을 모두 찾아 ◯표 하세요.

$$240 \div 60 = 3$$

$$635 \div 70 = 9 \cdots 5$$

$$82 \div 30 = 2 \cdots 12$$

$$577 \div 80 = 7 \cdots 7$$

$$810 \div 90 = 9$$

$$302 \div 40 = 8 \cdots 2$$

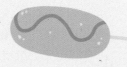

$$76 \div 20 = 3 \cdots 16$$

30 나누어떨어지는 (두 자리 수) ÷ (두 자리 수)

● **96÷16의 계산**

$$16 \times 5 = 80$$
$$16 \times 6 = 96$$
$$16 \times 7 = 112$$

```
        6
  16 ) 9 6
      9 6
      ───
        0
```

$96 \div 16 = 6$ → 몫 6 나머지 0

○ **계산해 보세요.**

1
```
1 2 ) 2 4
```

2
```
1 8 ) 3 6
```

3
```
2 8 ) 5 6
```

4
```
1 6 ) 6 4
```

5
```
1 9 ) 7 6
```

6
```
4 1 ) 8 2
```

7　17) 3 4

8　13) 3 9

9　14) 4 2

10　16) 4 8

11　17) 5 1

12　26) 5 2

13　27) 5 4

14　19) 5 7

15　29) 5 8

16　21) 6 3

17　22) 6 6

18　12) 7 2

19　25) 7 5

20　39) 7 8

21　28) 8 4

22　13) 9 1

23　16) 9 6

24　14) 9 8

○ 계산해 보세요.

㉕ 48÷12 =

㉙ 68÷34 =

㉝ 85÷17 =

㉖ 54÷18 =

㉚ 72÷24 =

㉞ 86÷43 =

㉗ 56÷14 =

㉛ 74÷37 =

㉟ 92÷23 =

㉘ 65÷13 =

㉜ 76÷19 =

㊱ 96÷48 =

㊲ 36÷12=

㊳ 38÷19=

㊴ 44÷22=

㊵ 45÷15=

㊶ 51÷17=

㊷ 52÷13=

㊸ 62÷31=

㊹ 66÷33=

㊺ 68÷17=

㊻ 69÷23=

㊼ 72÷18=

㊽ 75÷15=

㊾ 76÷38=

㊿ 78÷26=

(51) 81÷27=

(52) 82÷41=

(53) 87÷29=

(54) 92÷46=

(55) 94÷47=

(56) 96÷24=

(57) 98÷49=

31 나머지가 있는
(두 자리 수)÷(두 자리 수)

85÷23의 계산

몫을 1 크게 합니다. → 몫을 1 작게 합니다. ←

```
      2                3                4
  23)8 5          23)8 5          23)8 5
    4 6              6 9              9 2
    3 9              1 6
```

나머지 39가 나누는 수
23보다 큽니다.

85에서 92를
뺄 수 없습니다.

85÷23=3 … 16 → 몫 3　나머지 16

계산해 보세요.

①
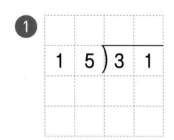
```
 1 5)3 1
```

②
```
 1 8)4 4
```

③
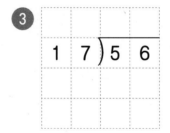
```
 1 7)5 6
```

④
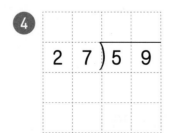
```
 2 7)5 9
```

⑤
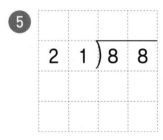
```
 2 1)8 8
```

⑥
```
 1 2)9 5
```

7　13) 1 8

8　14) 2 9

9　15) 3 5

10　11) 4 2

11　22) 4 5

12　14) 4 8

13　17) 5 2

14　25) 5 8

15　18) 6 1

16　22) 6 5

17　29) 6 7

18　15) 7 2

19　35) 7 4

20　19) 7 7

21　14) 8 2

22　37) 8 7

23　46) 9 4

24　69) 9 5

○ 계산해 보세요.

㉕ 23÷18 =

㉙ 51÷13 =

㉝ 72÷14 =

㉖ 32÷15 =

㉚ 54÷24 =

㉞ 76÷32 =

㉗ 37÷16 =

㉛ 65÷27 =

㉟ 84÷39 =

㉘ 49÷15 =

㉜ 69÷11 =

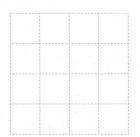

㊱ 97÷24 =

㊲ 34÷16＝

㊹ 63÷31＝

㊱ 81÷26＝

㊳ 38÷13＝

㊺ 66÷25＝

㊲ 85÷42＝

㊴ 42÷17＝

㊻ 68÷12＝

㊳ 86÷15＝

㊵ 46÷14＝

㊼ 73÷32＝

㊴ 89÷19＝

㊶ 54÷12＝

㊽ 74÷14＝

㊵ 92÷22＝

㊷ 57÷26＝

㊾ 75÷22＝

㊶ 96÷18＝

㊸ 58÷19＝

㊿ 77÷15＝

㊷ 98÷31＝

32 계산 Plus+

(두 자리 수) ÷ (두 자리 수)

○ 빈칸에 알맞은 수를 써넣으세요.

1

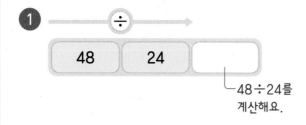

| 48 | 24 | |

└48÷24를
계산해요.

2

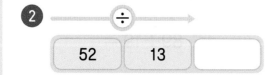

| 52 | 13 | |

3

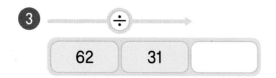

| 62 | 31 | |

4

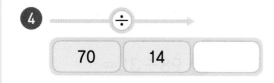

| 70 | 14 | |

5

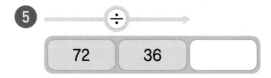

| 72 | 36 | |

6

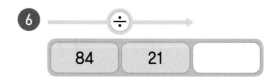

| 84 | 21 | |

7

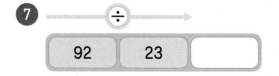

| 92 | 23 | |

8

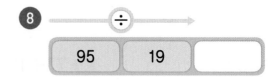

| 95 | 19 | |

7 29) 1 1 6

8 32) 1 6 0

9 26) 1 8 2

10 53) 2 6 5

11 46) 2 7 6

12 67) 3 3 5

13 74) 3 7 0

14 67) 4 0 2

15 72) 4 3 2

16 69) 5 5 2

17 85) 5 9 5

18 73) 6 5 7

19 99) 6 9 3

20 88) 7 0 4

21 84) 7 5 6

22 89) 8 0 1

23 95) 8 5 5

24 98) 8 8 2

○ 계산해 보세요.

㉕ 135÷27＝

㉙ 258÷43＝

㉝ 405÷45＝

㉖ 144÷24＝

㉚ 306÷34＝

㉞ 440÷55＝

㉗ 165÷55＝

㉛ 368÷92＝

㉟ 637÷91＝

㉘ 213÷71＝

㉜ 372÷62＝

㊱ 688÷86＝

37 $126 \div 18 =$

38 $144 \div 16 =$

39 $216 \div 27 =$

40 $240 \div 48 =$

41 $282 \div 94 =$

42 $340 \div 85 =$

43 $354 \div 59 =$

44 $375 \div 75 =$

45 $416 \div 52 =$

46 $434 \div 62 =$

47 $504 \div 56 =$

48 $528 \div 88 =$

49 $539 \div 77 =$

50 $582 \div 97 =$

51 $608 \div 76 =$

52 $612 \div 68 =$

53 $680 \div 85 =$

54 $729 \div 81 =$

55 $768 \div 96 =$

56 $783 \div 87 =$

57 $873 \div 97 =$

34 나머지가 있고 몫이 한 자리 수인 (세 자리 수)÷(두 자리 수)

104÷17의 계산

몫을 1 크게 합니다. → 6 ← 몫을 1 작게 합니다.

```
       5                      6                      7
  17)1 0 4             17)1 0 4             17)1 0 4
     8 5                  1 0 2                1 1 9
     1 9                      2
```

나머지 19가 나누는 수   104에서 119를
17보다 큽니다.   뺄 수 없습니다.

104÷17=6 … 2 → 몫 6 나머지 2

계산해 보세요.

1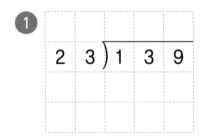

```
2 3)1 3 9
```

3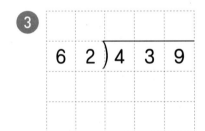

```
6 2)4 3 9
```

5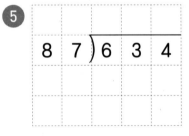

```
8 7)6 3 4
```

2

```
2 6)2 3 7
```

4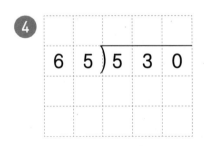

```
6 5)5 3 0
```

6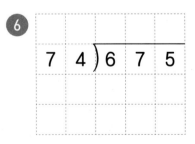

```
7 4)6 7 5
```

⑦ 27) 1 1 7

⑧ 19) 1 8 8

⑨ 63) 2 1 1

⑩ 25) 2 2 7

⑪ 38) 3 0 5

⑫ 48) 3 4 4

⑬ 55) 3 8 9

⑭ 76) 4 2 5

⑮ 62) 4 6 8

⑯ 57) 4 8 2

⑰ 82) 5 1 7

⑱ 94) 5 6 9

⑲ 68) 5 7 0

⑳ 83) 6 2 4

㉑ 79) 6 8 7

㉒ 84) 7 4 2

㉓ 86) 7 8 3

㉔ 97) 8 8 4

○ 계산해 보세요.

25 $140 \div 15 =$

26 $165 \div 39 =$

27 $249 \div 28 =$

28 $273 \div 42 =$

29 $337 \div 66 =$

30 $382 \div 47 =$

31 $431 \div 83 =$

32 $475 \div 49 =$

33 $587 \div 94 =$

34 $641 \div 79 =$

35 $746 \div 82 =$

36 $809 \div 98 =$

37 $125 \div 36 =$

38 $132 \div 16 =$

39 $198 \div 37 =$

40 $205 \div 48 =$

41 $224 \div 24 =$

42 $286 \div 52 =$

43 $315 \div 44 =$

44 $323 \div 63 =$

45 $389 \div 47 =$

46 $403 \div 54 =$

47 $424 \div 69 =$

48 $472 \div 92 =$

49 $528 \div 75 =$

50 $531 \div 85 =$

51 $554 \div 87 =$

52 $673 \div 74 =$

53 $692 \div 83 =$

54 $711 \div 77 =$

55 $735 \div 89 =$

56 $779 \div 96 =$

57 $862 \div 92 =$

35 계산 Plus+

몫이 한 자리 수인 (세 자리 수) ÷ (두 자리 수)

○ 빈칸에 알맞은 수를 써넣으세요.

1

112 →÷28→ ☐

└ 112÷28을
계산해요.

2

297 →÷33→ ☐

3

336 →÷84→ ☐

4

432 →÷72→ ☐

5

585 →÷65→ ☐

6

602 →÷86→ ☐

7

768 →÷96→ ☐

8

891 →÷99→ ☐

○ 몫은 ☐ 안에, 나머지는 ◯ 안에 써넣으세요.

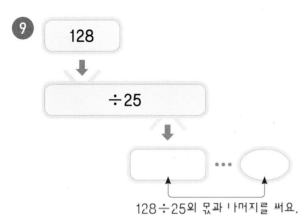

128÷25의 몫과 나머지를 써요.

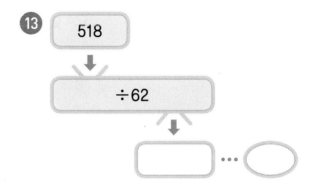

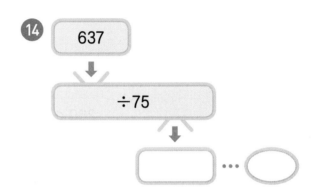

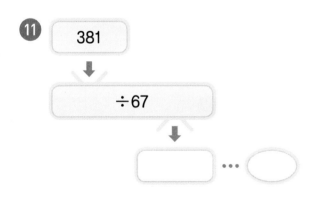

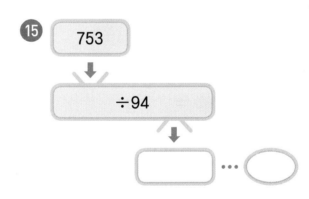

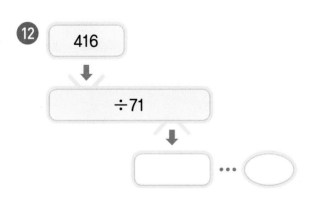

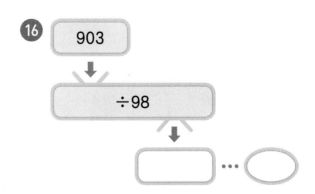

윗접시 저울이 수평을 이루고 있습니다. 구슬 한 개의 무게는 몇 g일까요?

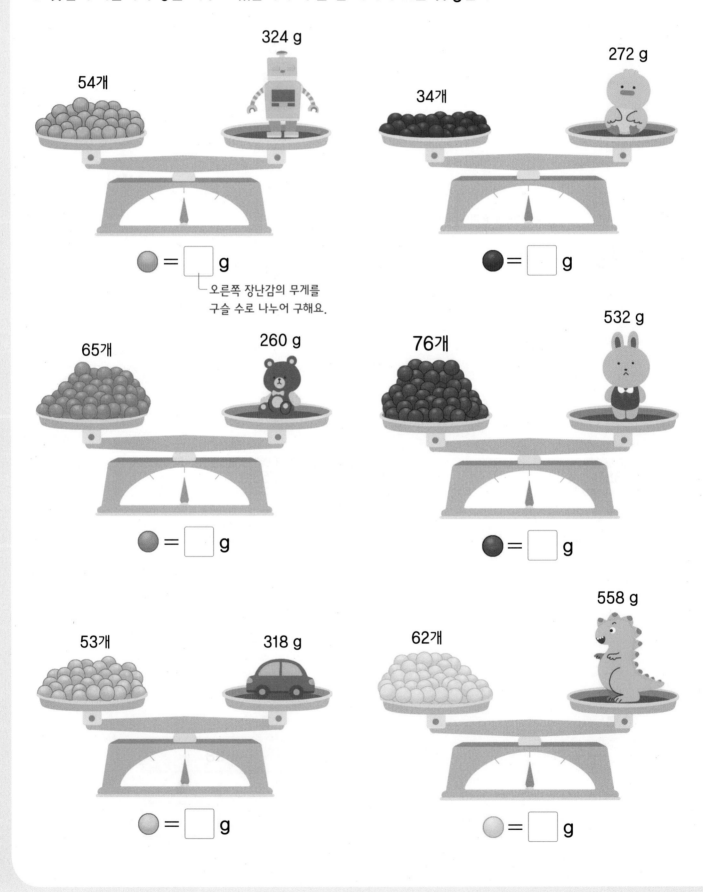

324 g

54개

● = ☐ g

└ 오른쪽 장난감의 무게를
구슬 수로 나누어 구해요.

272 g

34개

● = ☐ g

260 g

65개

● = ☐ g

532 g

76개

● = ☐ g

53개

318 g

● = ☐ g

62개

558 g

● = ☐ g

◎ 꿀벌이 나눗셈의 몫을 따라가려고 합니다. 꿀벌이 도착하는 꽃에 ○표 하세요.

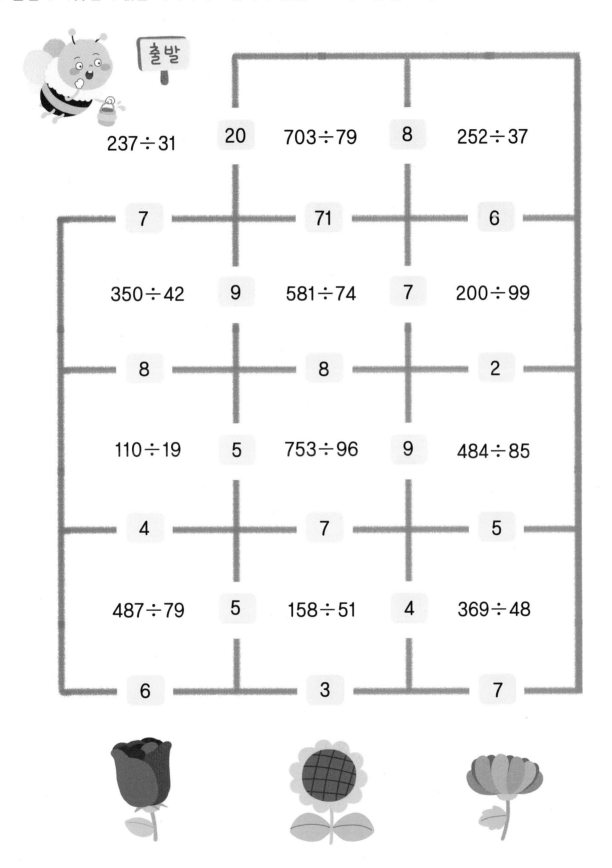

출발

237÷31   20   703÷79   8   252÷37

7   71   6

350÷42   9   581÷74   7   200÷99

8   8   2

110÷19   5   753÷96   9   484÷85

4   7   5

487÷79   5   158÷51   4   369÷48

6   3   7

36 나누어떨어지고 몫이 두 자리 수인 (세 자리 수) ÷ (두 자리 수)

378÷18의 계산

```
        2                          2 1
   18)3 7 8        →          18)3 7 8
      3 6 0 ←18×20               3 6
        1 8 ←378-360             1 8
                                 1 8 ←18×1
                                   0 ←18-18
```

378÷18=21 → 몫 21 나머지 0

계산해 보세요.

①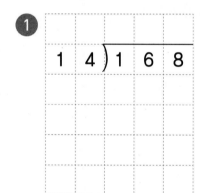

③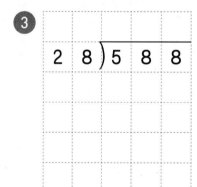

⑤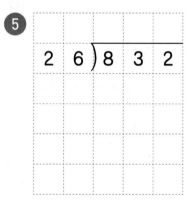

②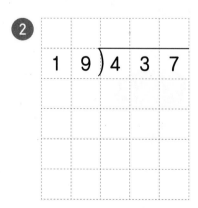

④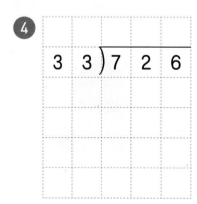

⑥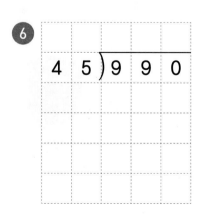

7　13$\overline{)143}$

8　18$\overline{)216}$

9　15$\overline{)240}$

10　31$\overline{)372}$

11　24$\overline{)384}$

12　18$\overline{)414}$

13　17$\overline{)459}$

14　24$\overline{)528}$

15　35$\overline{)560}$

16　18$\overline{)612}$

17　52$\overline{)728}$

18　26$\overline{)754}$

19　42$\overline{)882}$

20　63$\overline{)882}$

21　75$\overline{)900}$

○ 계산해 보세요.

22 156÷12＝

25 464÷16＝

28 816÷34＝

23 285÷15＝

26 594÷33＝

29 874÷23＝

24 384÷32＝

27 720÷48＝

30 972÷27＝

③ $154 \div 14 =$

③ $437 \div 23 =$

④ $702 \div 54 =$

③ $180 \div 15 =$

③ $504 \div 18 =$

④ $731 \div 43 =$

③ $204 \div 12 =$

④ $516 \div 43 =$

④ $768 \div 16 =$

④ $299 \div 13 =$

④ $572 \div 52 =$

④ $816 \div 51 =$

③ $308 \div 22 =$

④ $629 \div 37 =$

④ $845 \div 65 =$

③ $374 \div 17 =$

④ $667 \div 29 =$

⑤ $918 \div 27 =$

③ $416 \div 32 =$

④ $672 \div 56 =$

⑤ $975 \div 39 =$

나머지가 있고 몫이 두 자리 수인 (세 자리 수) ÷ (두 자리 수)

○ **184÷14의 계산**

$$14 \overline{)184}$$
$$\begin{array}{r} 1 \\ 14 \overline{)184} \\ 140 \leftarrow 14 \times 10 \\ \hline 44 \leftarrow 184 - 140 \end{array}$$
→
$$\begin{array}{r} 13 \\ 14 \overline{)184} \\ 14 \\ \hline 44 \\ 42 \leftarrow 14 \times 3 \\ \hline 2 \leftarrow 44 - 42 \end{array}$$

$184 \div 14 = 13 \cdots 2$ → 몫 13 나머지 2

○ 계산해 보세요.

1
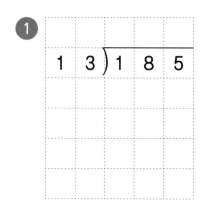

3
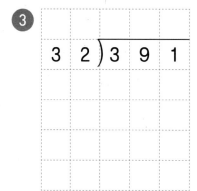

5
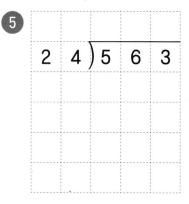

2
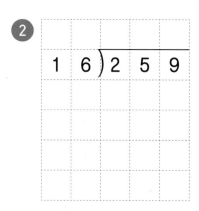

4
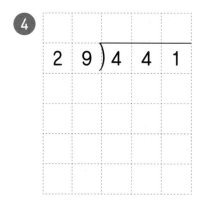

6
$$55 \overline{)778}$$

7

15) 1 9 8

8

16) 2 0 0

9

17) 2 4 2

10

28) 3 6 9

11

31) 3 8 1

12

26) 4 4 7

13

33) 4 7 3

14

25) 5 5 6

15

42) 5 9 2

16

41) 6 1 8

17

24) 6 3 0

18

23) 7 6 6

19

14) 7 8 7

20

51) 8 2 4

21

63) 8 9 1

○ 계산해 보세요.

22 173÷14 =

25 535÷17 =

28 736÷38 =

23 211÷13 =

26 592÷36 =

29 844÷27 =

24 349÷29 =

27 639÷14 =

30 956÷53 =

㉛ $158 \div 12 =$

㉜ $194 \div 17 =$

㉝ $236 \div 19 =$

㉞ $269 \div 22 =$

㉟ $327 \div 18 =$

㊱ $352 \div 23 =$

㊲ $378 \div 31 =$

㊳ $421 \div 24 =$

㊴ $465 \div 35 =$

㊵ $549 \div 42 =$

㊶ $592 \div 53 =$

㊷ $606 \div 27 =$

㊸ $624 \div 32 =$

㊹ $668 \div 38 =$

㊺ $703 \div 36 =$

㊻ $745 \div 65 =$

㊼ $772 \div 58 =$

㊽ $851 \div 24 =$

㊾ $863 \div 47 =$

㊿ $916 \div 39 =$

(51) $949 \div 52 =$

어떤 수 구하기

원리 곱셈과 나눗셈의 관계

$$■ × ▲ = ● → \begin{cases} ▲ = ● ÷ ■ \\ ■ = ● ÷ ▲ \end{cases}$$

적용 곱셈식의 어떤 수(□) 구하기

· $12 × □ = 168$

→ $□ = 168 ÷ 12 = 14$

· $□ × 14 = 168$

→ $□ = 168 ÷ 14 = 12$

원리 나머지가 있는 나눗셈의 계산 확인

$$● ÷ ▲ = ■ \cdots ★$$
$$▲ × ■ + ★ = ●$$

적용 나머지가 있는 나눗셈식의 어떤 수 (□) 구하기

$□ ÷ 11 = 15 \cdots 2$

$11 × 15 + 2 = 167$ — 곱셈과 덧셈이 섞여 있는 식에서는 곱셈을 먼저 계산합니다.

○ 어떤 수(□)를 구하려고 합니다. 빈칸에 알맞은 수를 써넣으세요.

1 $31 × \boxed{} = 403$

$403 ÷ 31 = \boxed{}$

2 $15 × \boxed{} = 765$

$765 ÷ 15 = \boxed{}$

3 $\boxed{} × 54 = 648$

$648 ÷ 54 = \boxed{}$

4 $\boxed{} × 73 = 803$

$803 ÷ 73 = \boxed{}$

5 $\boxed{} \div 13 = 11 \cdots 7$

$13 \times 11 + 7 = \boxed{}$

10 $\boxed{} \div 15 = 34 \cdots 10$

$15 \times 34 + 10 = \boxed{}$

6 $\boxed{} \div 14 = 15 \cdots 6$

$14 \times 15 + 6 = \boxed{}$

11 $\boxed{} \div 27 = 24 \cdots 3$

$27 \times 24 + 3 = \boxed{}$

7 $\boxed{} \div 18 = 18 \cdots 11$

$18 \times 18 + 11 = \boxed{}$

12 $\boxed{} \div 28 = 31 \cdots 5$

$28 \times 31 + 5 = \boxed{}$

8 $\boxed{} \div 26 = 17 \cdots 8$

$26 \times 17 + 8 = \boxed{}$

13 $\boxed{} \div 49 = 19 \cdots 4$

$49 \times 19 + 4 = \boxed{}$

9 $\boxed{} \div 32 = 11 \cdots 9$

$32 \times 11 + 9 = \boxed{}$

14 $\boxed{} \div 65 = 12 \cdots 4$

$65 \times 12 + 4 = \boxed{}$

○ 어떤 수(□)를 구하려고 합니다. 빈칸에 알맞은 수를 써넣으세요.

15 $12 \times \boxed{} = 180$

16 $16 \times \boxed{} = 288$

17 $23 \times \boxed{} = 368$

18 $22 \times \boxed{} = 462$

19 $19 \times \boxed{} = 494$

20 $27 \times \boxed{} = 594$

21 $\boxed{} \times 43 = 602$

22 $\boxed{} \times 29 = 667$

23 $\boxed{} \times 54 = 702$

24 $\boxed{} \times 37 = 814$

25 $\boxed{} \times 18 = 846$

26 $\boxed{} \times 45 = 990$

27 $\boxed{} \div 15 = 11 \cdots 2$

28 $\boxed{} \div 21 = 19 \cdots 6$

29 $\boxed{} \div 32 = 15 \cdots 12$

30 $\boxed{} \div 43 = 12 \cdots 2$

31 $\boxed{} \div 47 = 11 \cdots 31$

32 $\boxed{} \div 50 = 13 \cdots 13$

33 $\boxed{} \div 52 = 13 \cdots 1$

34 $\boxed{} \div 64 = 12 \cdots 9$

35 $\boxed{} \div 79 = 10 \cdots 13$

36 $\boxed{} \div 80 = 11 \cdots 8$

37 $\boxed{} \div 85 = 11 \cdots 9$

38 $\boxed{} \div 89 = 10 \cdots 75$

39 계산 Plus+

몫이 두 자리 수인 (세 자리 수) ÷ (두 자리 수)

○ 빈칸에 알맞은 수를 써넣으세요.

1
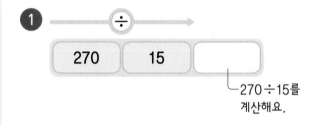
| 270 | 15 | |

└ 270÷15를
계산해요.

2
| 304 | 19 | |

3
| 462 | 33 | |

4
| 522 | 18 | |

5
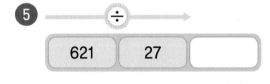
| 621 | 27 | |

6
| 756 | 21 | |

7
| 880 | 55 | |

8
| 924 | 42 | |

● 몫은 ☐ 안에, 나머지는 ◯ 안에 써넣으세요.

9
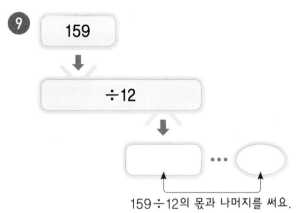

159÷12의 몫과 나머지를 써요.

10
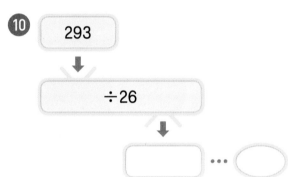

11
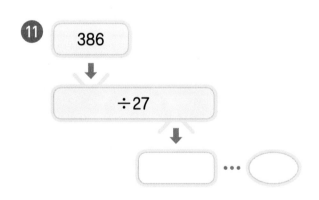

12
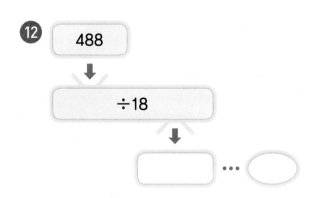

13
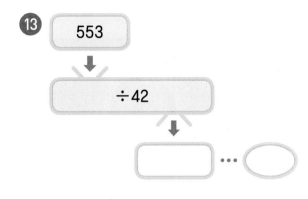

14
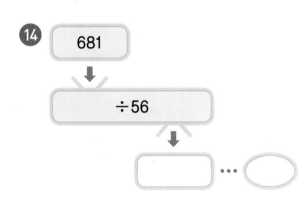

15
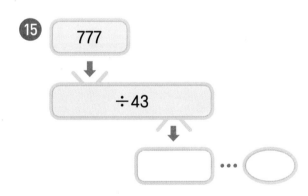

16
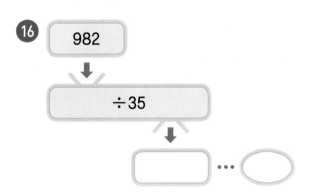

○ 우주선의 수를 인공위성의 수로 나누었을 때 행성의 수가 몫이 되도록 선으로 연결하고, 나눗셈식을 써 보세요.

식 _____

식 _____

식 _____

식 _____

보물상자를 몫과 나머지가 같은 나눗셈이 적힌 잠수함에 실으려고 합니다. 알맞게 선으로 이어 보세요.

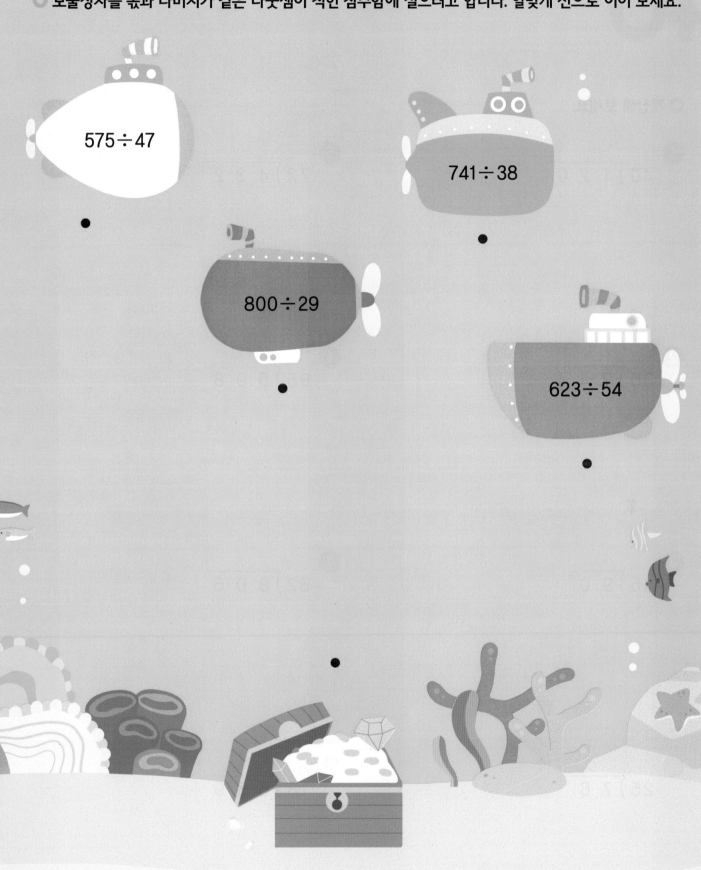

40 나눗셈 평가

○ **계산해 보세요.**

1

$40\overline{)120}$

2

$30\overline{)244}$

3

$45\overline{)90}$

4

$25\overline{)76}$

5

$72\overline{)432}$

6

$85\overline{)598}$

7

$62\overline{)806}$

8

$18\overline{)639}$

9 $83 \div 20 =$

10 $724 \div 80 =$

11 $84 \div 14 =$

12 $567 \div 63 =$

13 $359 \div 58 =$

14 $828 \div 46 =$

15 $597 \div 27 =$

○ 몫은 ☐ 안에, 나머지는 ◯ 안에 써넣으세요.

16
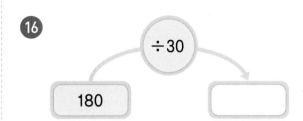

17
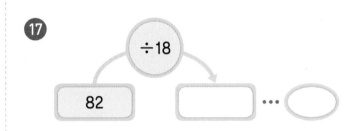

18
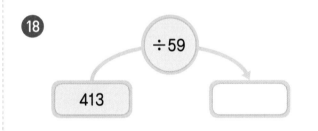

19
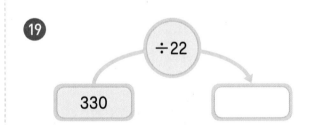

20
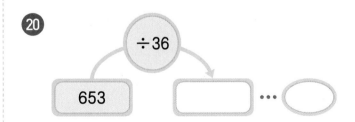

실력평가

공부한 날짜   월   일

○ 설명하는 수가 얼마인지 써 보세요. [1~3]

1 10000이 2개, 1000이 4개, 100이 9개, 10이 5개, 1이 1개인 수

⇨

2 10000이 6912개, 1이 1200개인 수

⇨

3 1억이 240개, 1만이 3691개인 수

⇨

○ 두 수의 크기를 비교하여 ◯ 안에 >, =, <를 알맞게 써넣으세요. [4~5]

4 19247 ◯ 21097

5 31090767 ◯ 5495325

○ 각도의 합과 차를 구해 보세요. [6~9]

6 15°+30°=

7 50°+75°=

8 90°−35°=

9 150°−85°=

○ ☐ 안에 알맞은 수를 써넣으세요. [10~11]

10

40°   60°

11

130°

60°   50°

○ **계산해 보세요. [⑫ ~ ㉕]**

⑫ $200 \times 60 =$

⑬ $900 \times 40 =$

⑭ $478 \times 50 =$

⑮ $693 \times 70 =$

⑯ $313 \times 36 =$

⑰ $755 \times 82 =$

⑱ $804 \times 23 =$

⑲ $720 \div 80 =$

⑳ $73 \div 20 =$

㉑ $645 \div 90 =$

㉒ $93 \div 31 =$

㉓ $84 \div 23 =$

㉔ $361 \div 52 =$

㉕ $522 \div 18 =$

○ 수를 읽어 보세요. [①~③]

①
32493

(   )

②
1410350000

(   )

③
812745900000000

(   )

○ 규칙에 따라 빈칸에 알맞은 수를 써넣으세요. [④~⑤]

④

251만	261만	271만

⑤

1조 73억		5조 73억

7조 73억	

○ 각도의 합과 차를 구해 보세요. [⑥~⑨]

⑥ $45° + 60° =$

⑦ $65° + 35° =$

⑧ $140° - 55° =$

⑨ $170° - 35° =$

○ ☐ 안에 알맞은 수를 써넣으세요. [⑩~⑪]

⑩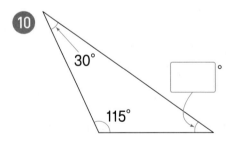

30°

115°

⑪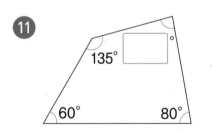

135°

60°   80°

○ 계산해 보세요. [⑫~㉕]

⑫ $300 \times 90 =$

⑬ $579 \times 20 =$

⑭ $794 \times 40 =$

⑮ $813 \times 80 =$

⑯ $496 \times 17 =$

⑰ $573 \times 63 =$

⑱ $857 \times 19 =$

⑲ $66 \div 20 =$

⑳ $82 \div 30 =$

㉑ $78 \div 13 =$

㉒ $81 \div 16 =$

㉓ $434 \div 62 =$

㉔ $694 \div 81 =$

㉕ $703 \div 19 =$

○ 수로 나타내어 보세요. [**1**~**3**]

1
| 사천칠백이십팔만 |

(   )

2
| 이천구백오십칠억 삼천백만 |

(   )

3
| 삼십이조 팔천구백육십오억 |

(   )

○ 빈칸에 빨간색 숫자가 나타내는 값을 써넣으세요. [**4**~**5**]

4
| 42930 | |

5
| 68320000 | |

○ 각도의 합과 차를 구해 보세요. [**6**~**9**]

6 $60° + 85° =$

7 $135° + 25° =$

8 $100° - 75° =$

9 $150° - 45° =$

○ ☐ 안에 알맞은 수를 써넣으세요. [**10**~**11**]

10
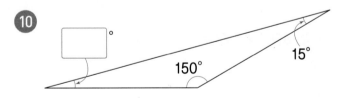

11
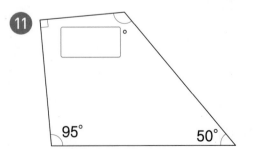

○ **계산해 보세요.** [⑫~㉕]

⑫ $430 \times 40 =$

⑲ $519 \div 80 =$

⑬ $739 \times 60 =$

⑳ $85 \div 17 =$

⑭ $926 \times 60 =$

㉑ $74 \div 14 =$

⑮ $307 \times 11 =$

㉒ $288 \div 36 =$

⑯ $561 \times 23 =$

㉓ $431 \div 83 =$

⑰ $793 \times 47 =$

㉔ $671 \div 11 =$

⑱ $982 \times 87 =$

㉕ $817 \div 18 =$

memo

정답
QR 코드

완자

공부력

정답

계산

×

초등 수학

4A

4학년

visang

ABOVE IMAGINATION

우리는 남다른 상상과 혁신으로
교육 문화의 새로운 전형을 만들어
모든 이의 행복한 경험과 성장에 기여한다

완자

공부력

초등 수학
계산 4A

. . . .

정답

완자 공부력 가이드

완자 공부력 시리즈는
앞으로도 계속 출간될 예정입니다.

국어 맞춤법 바로 쓰기 1~2학년용 4책

쓰기력

전과목 어휘 1~6학년용 12책

전과목 한자 어휘 1~6학년용 12책

영어 파닉스 1~2학년용 2책

영어 영단어 3~6학년용 8책

어휘력

국어 독해 1~6학년용 12책

한국사 독해 인물편 3~6학년용 4책

한국사 독해 시대편 3~6학년용 4책

독해력

수학 계산 1~6학년용 12책

계산력

완자 공부력 시리즈로 공부 근육을 키워요!

매일 성장하는
초등 자기개발서
완자
공부력

학습의 기초가 되는 읽기, 쓰기, 셈하기와 관련된
공부력을 키워야 여러 교과를 터득하기 쉬워집니다.
또한 어휘력과 독해력, 쓰기력, 계산력을 바탕으로 한
'공부력'은 자기주도 학습으로 상당한 단계까지 올라갈 수
있는 밑바탕이 되어 줍니다. 그래서 매일 꾸준한 학습이
가능한 '**완자 공부력 시리즈**'로 공부하면 자기주도학습이
가능한 튼튼한 공부 근육을 키울 수 있을 것이라 확신합니다.

효과적인 공부력 강화 계획을 세워요!

○ 학년별 공부 계획
내 학년에 맞게 꾸준하게 공부 계획을 세워요!

		1-2학년	3-4학년	5-6학년
기본	독해	국어 독해 1A 1B 2A 2B	국어 독해 3A 3B 4A 4B	국어 독해 5A 5B 6A 6B
	계산	수학 계산 1A 1B 2A 2B	수학 계산 3A 3B 4A 4B	수학 계산 5A 5B 6A 6B
	어휘	전과목 어휘 1A 1B 2A 2B	전과목 어휘 3A 3B 4A 4B	전과목 어휘 5A 5B 6A 6B
		파닉스 1 2	영단어 3A 3B 4A 4B	영단어 5A 5B 6A 6B
확장	어휘	전과목 한자 어휘 1A 1B 2A 2B	전과목 한자 어휘 3A 3B 4A 4B	전과목 한자 어휘 5A 5B 6A 6B
	쓰기	맞춤법 바로 쓰기 1A 1B 2A 2B		
	독해		한국사 독해 인물편 1 2 3 4	
			한국사 독해 시대편 1 2 3 4	

○ 시기별 공부 계획

학기 중에는 **기본**, 방학 중에는 **기본 + 확장**으로 공부 계획을 세워요!

방학 중			
학기 중			
기본			확장
독해	계산	어휘	어휘, 쓰기, 독해
국어 독해	수학 계산	전과목 어휘	전과목 한자 어휘
		파닉스(1~2학년) 영단어(3~6학년)	맞춤법 바로 쓰기(1~2학년) 한국사 독해(3~6학년)

예시 초1 학기 중 공부 계획표 주 5일 하루 3과목 (45분)

월	화	수	목	금
국어 독해	국어 독해	국어 독해	국어 독해	국어 독해
수학 계산	수학 계산	수학 계산	수학 계산	수학 계산
전과목 어휘	파닉스	전과목 어휘	전과목 어휘	파닉스

예시 초4 방학 중 공부 계획표 주 5일 하루 4과목 (60분)

월	화	수	목	금
국어 독해	국어 독해	국어 독해	국어 독해	국어 독해
수학 계산	수학 계산	수학 계산	수학 계산	수학 계산
전과목 어휘	영단어	전과목 어휘	전과목 어휘	영단어
한국사 독해 인물편	전과목 한자 어휘	한국사 독해 인물편	전과목 한자 어휘	한국사 독해 인물편

1 큰 수

01 다섯 자리 수

10쪽

❶ 1000
❷ 1
❸ 4
❹ 7

11쪽

❺ 20000
❻ 35268
❼ 40000
❽ 54983
❾ 65896

❿ 70345
⓫ 80000
⓬ 83192
⓭ 92409
⓮ 94174

12쪽

⓯ 3
⓰ 1, 2
⓱ 4, 6
⓲ 5
⓳ 9, 7

⓴ 3, 7
㉑ 7
㉒ 7, 4
㉓ 2, 6
㉔ 9, 1

13쪽

㉕ 이만
㉖ 육만
㉗ 구만
㉘ 만 천칠백육십삼
㉙ 사만 팔백사십오
㉚ 칠만 천사백구십이

㉛ 10000
㉜ 30000
㉝ 70000
㉞ 27296
㉟ 68387
㊱ 90104

02 다섯 자리 수의 자릿값

14쪽

❶ 1, 10000
❷ 3, 30
❸ 5, 500

❹ 8, 8
❺ 1, 1000
❻ 7, 700

15쪽

❼ 만, 10000
❽ 십, 80
❾ 천, 6000
❿ 백, 200
⓫ 천, 7000
⓬ 일, 9

⓭ 백, 100
⓮ 만, 50000
⓯ 일, 3
⓰ 천, 4000
⓱ 십, 60
⓲ 백, 100

16쪽

⓳ 6000, 8
⓴ 20000, 1000
㉑ 2000, 600
㉒ 50000, 800
㉓ 70, 3
㉔ 100, 90
㉕ 90000, 20

17쪽

㉖ 500
㉗ 80
㉘ 10
㉙ 4
㉚ 900
㉛ 8000

㉜ 3000
㉝ 50
㉞ 600
㉟ 80000
㊱ 2000
㊲ 700

03 십만, 백만, 천만

18쪽

1. 100000 또는 10만
2. 230000 또는 23만
3. 1000000 또는 100만
4. 4670000 또는 467만
5. 56940000 또는 5694만
6. 73510000 또는 7351만

19쪽

7. 153000
   또는 15만 3000
8. 581200
   또는 58만 1200
9. 1645400
   또는 164만 5400
10. 2379300
    또는 237만 9300
11. 13547620
    또는 1354만 7620
12. 25981570
    또는 2598만 1570
13. 28368542
    또는 2836만 8542
14. 33471684
    또는 3347만 1684
15. 49237532
    또는 4923만 7532
16. 59263861
    또는 5926만 3861
17. 60480206
    또는 6048만 206
18. 89200019
    또는 8920만 19

20쪽

19. 14
20. 532
21. 1390
22. 4725
23. 8673
24. 1584, 6300
25. 3794, 2270
26. 4117, 3915
27. 5135, 46
28. 8920, 108

21쪽

29. 사십삼만
30. 칠백팔십구만
31. 천육백삼십이만
32. 사천오백칠십삼만
33. 칠천삼백이십만 천육백오십칠
34. 팔천구십만 오백육십사
35. 2950000
36. 31980000
37. 51270000
38. 52751614
39. 60027003
40. 90100095

04 천만 단위까지 수의 자릿값

22쪽

❶ 8, 8000000
또는 800만

❷ 2, 20000000
또는 2000만

❸ 9, 900000
또는 90만

❹ 5, 50000000
또는 5000만

❺ 3, 3000000
또는 300만

❻ 7, 70000
또는 7만

23쪽

❼ 십만, 300000
또는 30만

❽ 만, 40000
또는 4만

❾ 백만, 2000000
또는 200만

❿ 십만, 100000
또는 10만

⓫ 만, 80000
또는 8만

⓬ 천만, 60000000
또는 6000만

⓭ 백만, 3000000
또는 300만

⓮ 십만, 700000
또는 70만

⓯ 만, 50000
또는 5만

⓰ 천만, 90000000
또는 9000만

24쪽

⓱ 2000000, 80000

⓲ 700000, 40000

⓳ 40000000, 30000

⓴ 9000000, 50000

㉑ 4000000, 200000

㉒ 70000000, 8000000

㉓ 90000000, 500000

25쪽

㉔ 500만

㉕ 70만

㉖ 3000만

㉗ 8만

㉘ 700만

㉙ 20만

㉚ 6000만

㉛ 800만

㉜ 50만

㉝ 100만

㉞ 4만

㉟ 9000만

05 계산 Plus+ 천만 단위까지의 수

26쪽

❶ 13487

❷ 57924

❸ 86053

❹ 4, 9

❺ 8, 6

❻ 7, 3

27쪽

❼ 5000

❽ 20000

❾ 70

❿ 100000

⓫ 30000

⓬ 80000

⓭ 600000

⓮ 9000000

⓯ 50000000

⓰ 300000

⓱ 10000

⓲ 4000000

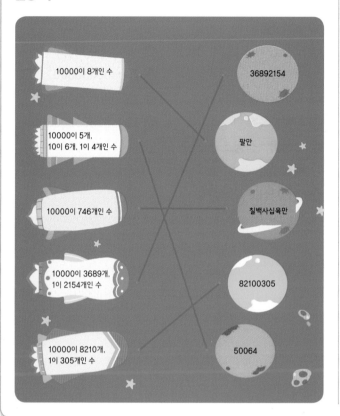

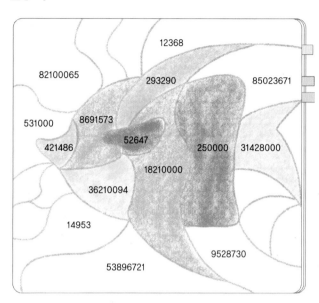

06 억, 조

❶ 57800000000
  또는 578억

❷ 345000000000
  또는 3450억

❸ 583600000000
  또는 5836억

❹ 400000000000000
  또는 400조

❺ 6170000000000000
  또는 6170조

❻ 9805000000000000
  또는 9805조

❼ 63579000000
  또는 635억 7900만

❽ 372516400000
  또는 3725억 1640만

❾ 497134680000
  또는 4971억 3468만

❿ 849273410000
  또는 8492억 7341만

⓫ 882500840000
  또는 8825억 84만

⓬ 943106970000
  또는 9431억 697만

⓭ 85200000000000
  또는 85조 2000억

⓮ 2194387000000000
  또는 2194조 3870억

⓯ 3953239700000000
  또는 3953조 2397억

⓰ 7549547800000000
  또는 7549조 5478억

⓱ 9042085600000000
  또는 9042조 856억

⓲ 9708005300000000
  또는 9708조 53억

1 큰 수

07 천억, 천조 단위까지 수의 자릿값

38쪽

① 15300000000
또는 153억

② 364200000000
또는 3642억

③ 421739480000
또는 4217억 3948만

④ 796208090000
또는 7962억 809만

⑤ 2759000000000000
또는 2759조

⑥ 5614000000000000
또는 5614조

⑦ 6823722400000000
또는 6823조 7224억

⑧ 8203006700000000
또는 8203조 67억

39쪽

⑨ 800000000
또는 8억

⑩ 60000000000
또는 600억

⑪ 3000000000
또는 30억

⑫ 600000000000
또는 6000억

⑬ 500000000
또는 5억

⑭ 4000000000
또는 40억

⑮ 10000000000000
또는 10조

⑯ 2000000000000
또는 2조

⑰ 4000000000000000
또는 4000조

⑱ 300000000000000
또는 300조

⑲ 7000000000000000
또는 7000조

⑳ 9000000000000
또는 9조

40쪽

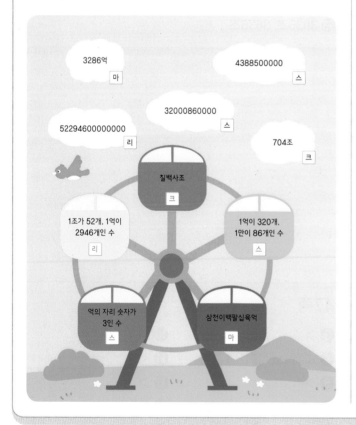

41쪽

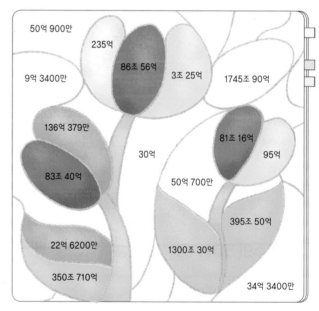

1 큰 수

뛰어 세기

42쪽

❶ 50000, 60000

❷ 52000, 62000

❸ 66000, 86000

❹ 69400, 89400

43쪽

❺ 2578억, 2778억

❻ 5792억, 5892억

❼ 7836억, 8036억

❽ 3977조, 3987조

❾ 6451조, 6471조

❿ 8175조, 8205조

44쪽

⓫ 10000 또는 1만

⓬ 100000 또는 10만

⓭ 1억 또는 100000000

⓮ 300억 또는 30000000000

⓯ 10조 또는 10000000000000

⓰ 50조 또는 50000000000000

45쪽

⓱ 417700, 418700

⓲ 3604만, 3624만

⓳ 24억 6916만, 24억 7916만

⓴ 7263억, 1조 263억

㉑ 585조 74억, 589조 74억

㉒ 1957조, 2007조

㉓ 3035조, 3635조

10 수의 크기 비교

46쪽

❶ 28740, <, 135600

❷ 849100, >, 847090

47쪽

❸ >

❹ <

❺ >

❻ <

❼ >

❽ >

❾ >

❿ <

⓫ <

⓬ >

⓭ >

⓮ <

⓯ <

⓰ >

⑰ <
⑱ <
⑲ >
⑳ >
㉑ <
㉒ >
㉓ <

㉔ >
㉕ >
㉖ <
㉗ >
㉘ <
㉙ <
㉚ >

㉛ >
㉜ >
㉝ <
㉞ >
㉟ <
㊱ >
㊲ >

㊳ >
㊴ <
㊵ >
㊶ >
㊷ >
㊸ <
㊹ <

11 계산 Plus+ 뛰어 세기, 수의 크기 비교

❶ 5270000, 4270000

❷ 66250000, 64250000

❸ 92360000, 90360000

❹ 364억, 344억

❺ 4249억, 4219억

❻ 12조 95억, 12조 85억

❼ 215000에 ○표,
16750에 △표

❽ 82000에 ○표,
31250에 △표

❾ 508792에 ○표,
67543에 △표

❿ 10520000에 ○표,
7160000에 △표

⓫ 2420610078에 ○표,
31645892에 △표

⓬ 9153만에 ○표,
5679만에 △표

⓭ 10억 124만에 ○표,
3억 5891만에 △표

⓮ 438억에 ○표,
51억 480만에 △표

⓯ 13조 3456억에 ○표,
6조 4685억에 △표

⓰ 11조 9억에 ○표,
10조 8971억에 △표

1 큰 수

52쪽

53쪽

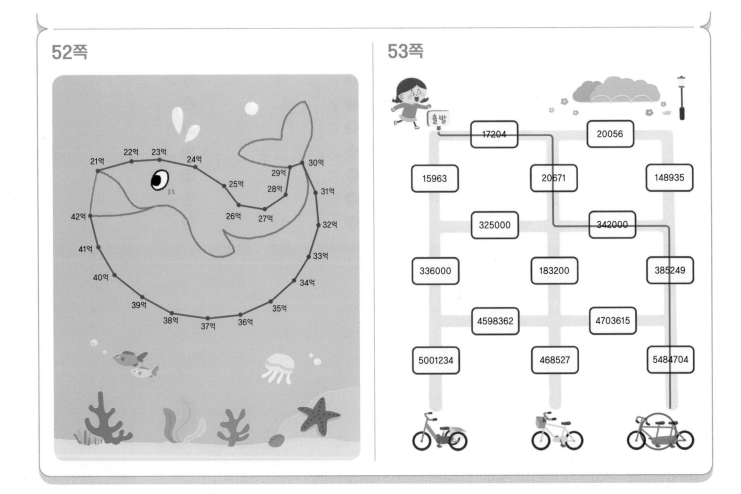

12 큰 수 평가

54쪽

❶ 60000 또는 6만

❷ 80507

❸ 5400000 또는 540만

❹ 239400000000
   또는 2394억

❺ 802002000000000
   또는 802조 20억

❻ 사만 이천백칠십삼

❼ 칠백오십이조 팔백억

❽ 53287

❾ 10620000

❿ 3516007100000000

55쪽

⓫ 80000 또는 8만

⓬ 400000 또는 40만

⓭ 50000000000
   또는 500억

⓮ 3000000000000
   또는 3조

⓯ 90000000000000
   또는 90조

⓰ 62540, 72540

⓱ 24억 60만, 26억 60만

⓲ <

⓳ >

⓴ <

2 각도의 계산

13 각도의 합

58쪽

❶ 50, 50
❷ 105, 105

59쪽

❸ 30
❹ 50
❺ 55
❻ 65
❼ 70
❽ 80
❾ 75
❿ 100
⓫ 125
⓬ 115

60쪽

⓭ 40, 40
⓮ 40, 40
⓯ 70, 70
⓰ 100, 100
⓱ 100, 100
⓲ 110, 110
⓳ 95, 95
⓴ 130, 130
㉑ 120, 120
㉒ 165, 165
㉓ 165, 165
㉔ 135, 135
㉕ 140, 140
㉖ 135, 135
㉗ 175, 175

61쪽

㉘ 50°
㉙ 55°
㉚ 70°
㉛ 70°
㉜ 65°
㉝ 75°
㉞ 110°
㉟ 90°
㊱ 105°
㊲ 145°
㊳ 165°
㊴ 135°
㊵ 145°
㊶ 155°
㊷ 125°
㊸ 155°
㊹ 125°
㊺ 170°
㊻ 135°
㊼ 165°
㊽ 170°

14 각도의 차

62쪽

❶ 20, 20
❷ 60, 60

63쪽

❸ 30
❹ 30
❺ 30
❻ 25
❼ 40
❽ 15
❾ 45
❿ 40
⓫ 50
⓬ 45

64쪽

⓭ 10, 10
⓮ 20, 20
⓯ 10, 10
⓰ 35, 35
⓱ 30, 30
⓲ 15, 15
⓳ 35, 35
⓴ 30, 30
㉑ 35, 35
㉒ 30, 30
㉓ 50, 50
㉔ 75, 75
㉕ 60, 60
㉖ 30, 30
㉗ 65, 65

65쪽

㉘ 10°
㉙ 15°
㉚ 40°
㉛ 15°
㉜ 35°
㉝ 35°
㉞ 25°
㉟ 65°
㊱ 15°
㊲ 35°
㊳ 15°
㊴ 30°
㊵ 45°
㊶ 65°
㊷ 50°
㊸ 50°
㊹ 50°
㊺ 35°
㊻ 20°
㊼ 50°
㊽ 35°

2 각도의 계산

15 삼각형의 세 각의 크기의 합

66쪽

1. 50, 180
2. 30, 180
3. 20, 180

67쪽

4. 40 / 40, 40
5. 30
6. 70
7. 45
8. 80
9. 95
10. 20
11. 100

68쪽

12. 30
13. 50
14. 25
15. 20
16. 70
17. 35
18. 65
19. 120

69쪽

20. 90°
21. 80°
22. 30°
23. 30°
24. 30°
25. 90°
26. 40°
27. 35°
28. 45°
29. 45°

16 사각형의 네 각의 크기의 합

70쪽

1. 60, 360
2. 150, 360
3. 90, 360

71쪽

4. 85 / 85, 85
5. 60
6. 70
7. 40
8. 115
9. 95
10. 40
11. 120

72쪽

12. 75
13. 115
14. 100
15. 75
16. 120
17. 70
18. 135
19. 55

73쪽

20. 90°
21. 130°
22. 85°
23. 120°
24. 90°
25. 40°
26. 100°
27. 145°
28. 125°
29. 75°

계산 Plus+ 각도의 합과 차

74쪽

❶ 80°
❷ 125°
❸ 175°
❹ 140°
❺ 50°
❻ 35°
❼ 40°
❽ 45°

75쪽

❾ 130°
❿ 155°
⓫ 175°
⓬ 150°
⓭ 20°
⓮ 35°
⓯ 65°
⓰ 95°

76쪽

77쪽

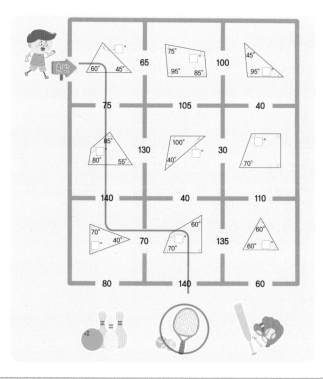

각도의 계산 평가

78쪽

❶ 70°
❷ 150°
❸ 135°
❹ 135°
❺ 135°
❻ 165°
❼ 40°
❽ 25°
❾ 70°
❿ 35°
⓫ 60°
⓬ 45°

79쪽

⓭ 55
⓮ 110
⓯ 65
⓰ 35
⓱ 75
⓲ 125
⓳ 140
⓴ 145

19 (몇백) × (몇십)

82쪽

❶ 6000	❹ 36000	❼ 49000
❷ 16000	❺ 20000	❽ 40000
❸ 21000	❻ 48000	❾ 36000

83쪽

❿ 8000	⓰ 10000	㉒ 35000
⓫ 12000	⓱ 35000	㉓ 56000
⓬ 15000	⓲ 45000	㉔ 16000
⓭ 24000	⓳ 18000	㉕ 48000
⓮ 12000	⓴ 36000	㉖ 27000
⓯ 28000	㉑ 54000	㉗ 72000

84쪽

㉘ 4000, 4	㉞ 20000, 20	㊵ 14000, 14
㉙ 18000, 18	㉟ 32000, 32	㊶ 28000, 28
㉚ 12000, 12	㊱ 25000, 25	㊷ 24000, 24
㉛ 18000, 18	㊲ 45000, 45	㊸ 64000, 64
㉜ 21000, 21	㊳ 24000, 24	㊹ 45000, 45
㉝ 12000, 12	㊴ 42000, 42	㊺ 81000, 81

85쪽

㊻ 6000	㊾ 28000	60 42000
㊼ 10000	54 15000	61 63000
㊽ 14000	55 30000	62 32000
㊾ 6000	56 40000	63 56000
50 15000	57 12000	64 72000
51 16000	58 30000	65 18000
52 24000	59 21000	66 63000

20 (몇백몇십) × (몇십)

86쪽

❶ 2600	❹ 17100	❼ 73800
❷ 16000	❺ 40800	❽ 33600
❸ 18400	❻ 58400	❾ 64400

87쪽

❿ 7500	⓰ 21500	㉒ 44400
⓫ 7600	⓱ 9600	㉓ 60000
⓬ 11000	⓲ 31200	㉔ 74700
⓭ 18200	⓳ 42400	㉕ 77400
⓮ 27200	⓴ 52200	㉖ 65100
⓯ 21600	㉑ 27600	㉗ 29100

88쪽

㉘ 11200
㉙ 11600
㉚ 25200
㉛ 17600
㉜ 23500
㉝ 48600
㉞ 11800
㉟ 49600
㊱ 39600
㊲ 22500
㊳ 38500
㊴ 16400
㊵ 35200
㊶ 67200
㊷ 77600

89쪽

㊸ 6400
㊹ 11400
㊺ 11500
㊻ 23400
㊼ 28000
㊽ 15200
㊾ 14100
㊿ 24500
(51) 20800
(52) 49500
(53) 11600
(54) 44100
(55) 19500
(56) 34000
(57) 21600
(58) 51800
(59) 60800
(60) 51000
(61) 43500
(62) 38000
(63) 19800

21 계산 Plus+ (몇백)×(몇십), (몇백몇십)×(몇십)

90쪽

❶ 20000
❷ 35000
❸ 63000
❹ 54000
❺ 18600
❻ 50400
❼ 41500
❽ 37600

91쪽

❾ 18000
❿ 28000
⓫ 54000
⓬ 14000
⓭ 72000
⓮ 18000
⓯ 11200
⓰ 42300
⓱ 29500
⓲ 22200
⓳ 58100
⓴ 78400

92쪽

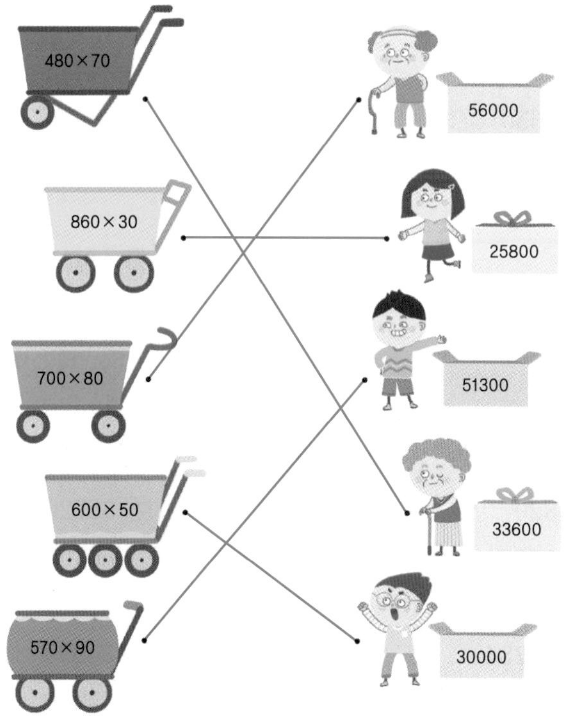

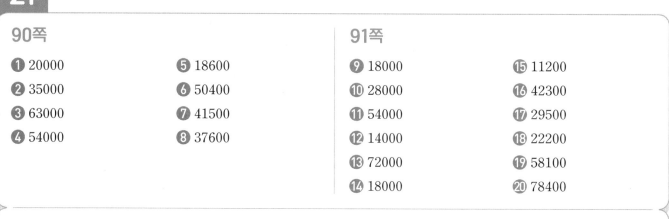

93쪽

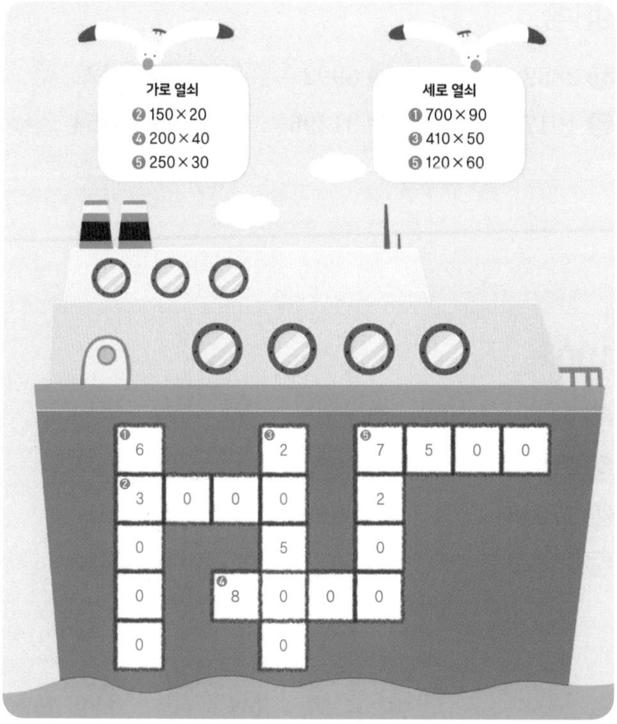

3 곱셈

22 (세 자리 수) × (몇십)

94쪽

1 3750 | **4** 37040 | **7** 47700
2 10900 | **5** 47880 | **8** 24570
3 22890 | **6** 34750 | **9** 37080

95쪽

10 2680 | **16** 12810 | **22** 29360
11 5800 | **17** 38640 | **23** 45360
12 13740 | **18** 37520 | **24** 65440
13 8790 | **19** 49320 | **25** 34880
14 32130 | **20** 12180 | **26** 47050
15 25340 | **21** 31200 | **27** 28890

96쪽

28 4710 | **33** 10960 | **38** 54110
29 16560 | **34** 51570 | **39** 41250
30 13280 | **35** 32300 | **40** 53640
31 11820 | **36** 27480 | **41** 74160
32 32720 | **37** 44040 | **42** 28770

97쪽

43 9840 | **50** 16600 | **57** 61470
44 5880 | **51** 26160 | **58** 22350
45 14940 | **52** 24250 | **59** 53830
46 13250 | **53** 10360 | **60** 51360
47 9240 | **54** 51030 | **61** 43950
48 26040 | **55** 18870 | **62** 73840
49 7860 | **56** 53760 | **63** 39360

23 (세 자리 수) × (두 자리 수)

98쪽

1 2852 | **3** 6992 | **5** 40122
2 10176 | **4** 31296 | **6** 16354

99쪽

7 5024 | **12** 40090 | **17** 24446
8 4650 | **13** 40678 | **18** 68540
9 13144 | **14** 33768 | **19** 62025
10 16967 | **15** 32016 | **20** 54432
11 25088 | **16** 19865 | **21** 44400

100쪽

22 9954 | **26** 44004 | **30** 32058
23 21070 | **27** 30527 | **31** 22175
24 17985 | **28** 66836 | **32** 39517
25 15872 | **29** 50518 | **33** 56492

101쪽

34 7923 | **41** 20081 | **48** 17089
35 12648 | **42** 38406 | **49** 69784
36 8207 | **43** 33170 | **50** 36720
37 13524 | **44** 17918 | **51** 60408
38 34790 | **45** 34384 | **52** 57070
39 26784 | **46** 59897 | **53** 34595
40 36295 | **47** 66646 | **54** 57289

102쪽

❶ 9870
❷ 22350
❸ 40680
❹ 35680
❺ 12878
❻ 51205
❼ 58734
❽ 32538

103쪽

❾ 11360
❿ 32340
⓫ 12360
⓬ 71280
⓭ 12935
⓮ 29304
⓯ 49555
⓰ 49616

104쪽

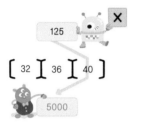
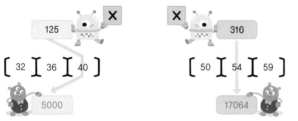
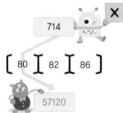
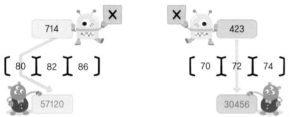
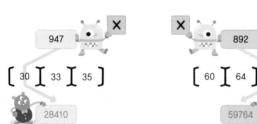
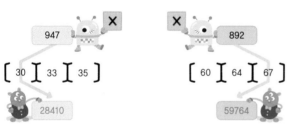

105쪽

비밀번호는 7 8 0 3 입니다.

106쪽

❶ 36000
❷ 42000
❸ 45600
❹ 43800
❺ 35600
❻ 16450
❼ 50580
❽ 15052
❾ 32850
❿ 36666

107쪽

⓫ 18000
⓬ 42400
⓭ 25600
⓮ 65340
⓯ 40866
⓰ 79431
⓱ 25000
⓲ 40200
⓳ 23880
⓴ 83980

26 (몇백몇십) ÷ (몇십)

110쪽

❶ 4
❷ 3
❸ 6
❹ 6
❺ 8
❻ 8

111쪽

❼ 7
❽ 4
❾ 4
❿ 8
⓫ 4
⓬ 4
⓭ 7
⓮ 4
⓯ 5
⓰ 7
⓱ 5
⓲ 8
⓳ 7
⓴ 9
㉑ 7
㉒ 7
㉓ 9
㉔ 9

112쪽

㉕ 5, 5
㉖ 2, 2
㉗ 5, 5
㉘ 3, 3
㉙ 5, 5
㉚ 7, 7
㉛ 8, 8
㉜ 4, 4
㉝ 8, 8
㉞ 6, 6
㉟ 5, 5
㊱ 6, 6
㊲ 7, 7
㊳ 9, 9
㊴ 7, 7
㊵ 9, 9
㊶ 8, 8
㊷ 8, 8

113쪽

㊸ 2
㊹ 2
㊺ 3
㊻ 8
㊼ 9
㊽ 5
㊾ 3
㊿ 9
51 4
52 5
53 4
54 9
55 5
56 7
57 9
58 8
59 6
60 8
61 7
62 9
63 9

27 (두 자리 수) ÷ (몇십)

114쪽

❶ 1 ⋯ 5
❷ 1 ⋯ 4
❸ 1 ⋯ 18
❹ 2 ⋯ 13
❺ 2 ⋯ 7
❻ 1 ⋯ 33

115쪽

❼ 1 ⋯ 3
❽ 1 ⋯ 2
❾ 1 ⋯ 16
❿ 1 ⋯ 2
⓫ 2 ⋯ 5
⓬ 1 ⋯ 19
⓭ 1 ⋯ 12
⓮ 1 ⋯ 5
⓯ 2 ⋯ 18
⓰ 2 ⋯ 1
⓱ 1 ⋯ 23
⓲ 1 ⋯ 22
⓳ 2 ⋯ 14
⓴ 3 ⋯ 17
㉑ 2 ⋯ 5
㉒ 1 ⋯ 29
㉓ 1 ⋯ 26
㉔ 4 ⋯ 18

28 (세 자리 수) ÷ (몇십)

29 계산 Plus+ 몇십으로 나누기

122쪽

❶ 2

❷ 8

❸ 6

❹ 8

❺ 1, 8

❻ 3, 5

❼ 1, 24

❽ 2, 6

123쪽

❾ 5, 3

❿ 7, 24

⓫ 4, 5

⓬ 6, 21

⓭ 5, 33

⓮ 8, 28

⓯ 9, 24

⓰ 9, 12

124쪽

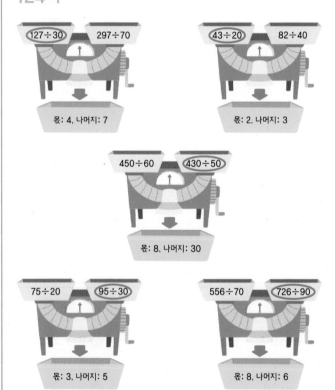

127÷30   297÷70
몫: 4, 나머지: 7

43÷20   82÷40
몫: 2, 나머지: 3

450÷60   430÷50
몫: 8, 나머지: 30

75÷20   95÷30
몫: 3, 나머지: 5

556÷70   726÷90
몫: 8, 나머지: 6

125쪽

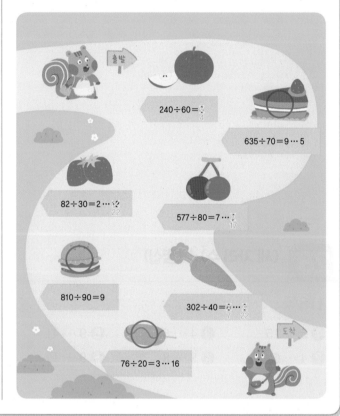

출발

240÷60=4

635÷70=9···5

82÷30=2···22

577÷80=7···17

810÷90=9

302÷40=7···22

76÷20=3···16

도착

30 나누어떨어지는 (두 자리 수)÷(두 자리 수)

126쪽

❶ 2	❸ 2	❺ 4
❷ 2	❹ 4	❻ 2

127쪽

❼ 2	⓭ 2	⓳ 3
❽ 3	⓮ 3	⓴ 2
❾ 3	⓯ 2	㉑ 3
❿ 3	⓰ 3	㉒ 7
⓫ 3	⓱ 3	㉓ 6
⓬ 2	⓲ 6	㉔ 7

128쪽

㉕ 4	㉙ 2	㉝ 5
㉖ 3	㉚ 3	㉞ 2
㉗ 4	㉛ 2	㉟ 4
㉘ 5	㉜ 4	㊱ 2

129쪽

㊲ 3	㊺ 2	51 3
㊳ 2	㊻ 4	52 2
㊴ 2	㊼ 3	53 3
㊵ 3	㊽ 4	54 2
㊶ 3	㊾ 5	55 2
㊷ 4	㊿ 2	56 4
㊸ 2	50 3	57 2

31 나머지가 있는 (두 자리 수)÷(두 자리 수)

130쪽

❶ 2 ⋯ 1	❸ 3 ⋯ 5	❺ 4 ⋯ 4
❷ 2 ⋯ 8	❹ 2 ⋯ 5	❻ 7 ⋯ 11

131쪽

❼ 1 ⋯ 5	⓭ 3 ⋯ 1	⓳ 2 ⋯ 4
❽ 2 ⋯ 1	⓮ 2 ⋯ 8	⓴ 4 ⋯ 1
❾ 2 ⋯ 5	⓯ 3 ⋯ 7	㉑ 5 ⋯ 12
❿ 3 ⋯ 9	⓰ 2 ⋯ 21	㉒ 2 ⋯ 13
⓫ 2 ⋯ 1	⓱ 2 ⋯ 9	㉓ 2 ⋯ 2
⓬ 3 ⋯ 6	⓲ 4 ⋯ 12	㉔ 1 ⋯ 26

132쪽

㉕ 1 ··· 5
㉖ 2 ··· 2
㉗ 2 ··· 5
㉘ 3 ··· 4
㉙ 3 ··· 12
㉚ 2 ··· 6
㉛ 2 ··· 11
㉜ 6 ··· 3
㉝ 5 ··· 2
㉞ 2 ··· 12
㉟ 2 ··· 6
㊱ 4 ··· 1

133쪽

㊲ 2 ··· 2
㊳ 2 ··· 12
㊴ 2 ··· 8
㊵ 3 ··· 4
㊶ 4 ··· 6
㊷ 2 ··· 5
㊸ 3 ··· 1
㊹ 2 ··· 1
㊺ 2 ··· 16
㊻ 5 ··· 8
㊼ 2 ··· 9
㊽ 5 ··· 4
㊾ 3 ··· 9
㊿ 5 ··· 2
(51) 3 ··· 3
(52) 2 ··· 1
(53) 5 ··· 11
(54) 4 ··· 13
(55) 4 ··· 4
(56) 5 ··· 6
(57) 3 ··· 5

32 계산 Plus+ (두 자리 수)÷(두 자리 수)

134쪽

❶ 2
❷ 4
❸ 2
❹ 5
❺ 2
❻ 4
❼ 4
❽ 5

135쪽

❾ 2 ··· 6
❿ 2 ··· 1
⓫ 3 ··· 3
⓬ 3 ··· 2
⓭ 2 ··· 9
⓮ 1 ··· 15
⓯ 2 ··· 5
⓰ 4 ··· 5

136쪽

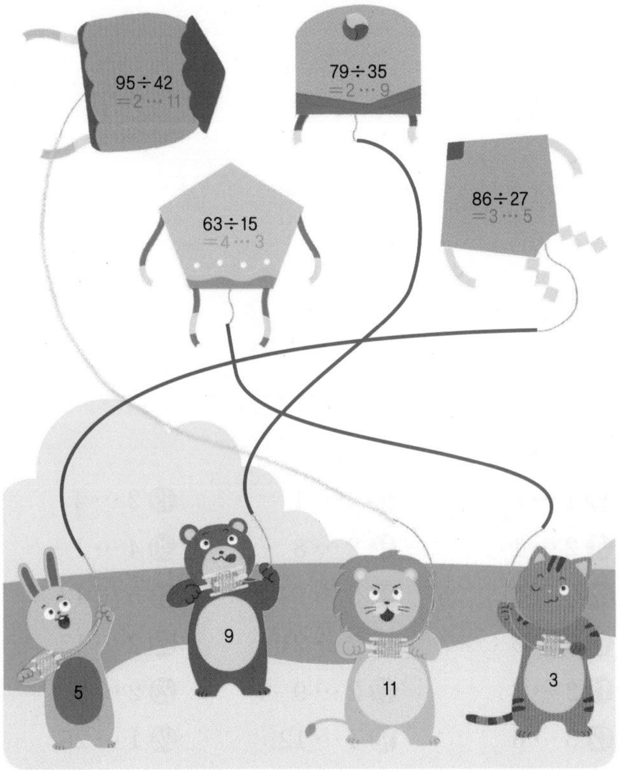

137쪽

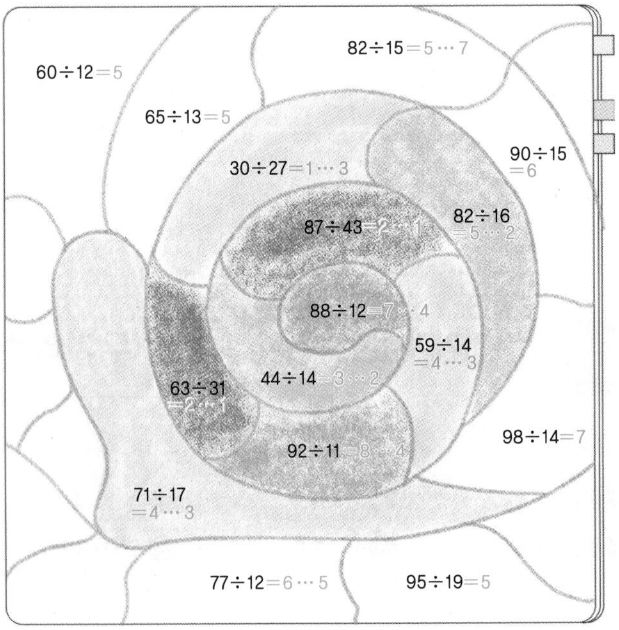

33 나누어떨어지고 몫이 한 자리 수인 (세 자리 수)÷(두 자리 수)

138쪽

① 9
② 4
③ 3
④ 9
⑤ 8
⑥ 7

139쪽

⑦ 4
⑧ 5
⑨ 7
⑩ 5
⑪ 6
⑫ 5
⑬ 5
⑭ 6
⑮ 6
⑯ 8
⑰ 7
⑱ 9
⑲ 7
⑳ 8
㉑ 9
㉒ 9
㉓ 9
㉔ 9

140쪽

㉕ 5
㉖ 6
㉗ 3
㉘ 3
㉙ 6
㉚ 9
㉛ 4
㉜ 6
㉝ 9
㉞ 8
㉟ 7
㊱ 8

141쪽

㊲ 7
㊳ 9
㊴ 8
㊵ 5
㊶ 3
㊷ 4
㊸ 6
㊹ 5
㊺ 8
㊻ 7
㊼ 9
㊽ 6
㊾ 7
㊿ 6
(51) 8
(52) 9
(53) 8
(54) 9
(55) 8
(56) 9
(57) 9

34 나머지가 있고 몫이 한 자리 수인 (세 자리 수)÷(두 자리 수)

142쪽

① 6 ⋯ 1
② 9 ⋯ 3
③ 7 ⋯ 5
④ 8 ⋯ 10
⑤ 7 ⋯ 25
⑥ 9 ⋯ 9

143쪽

⑦ 4 ⋯ 9
⑧ 9 ⋯ 17
⑨ 3 ⋯ 22
⑩ 9 ⋯ 2
⑪ 8 ⋯ 1
⑫ 7 ⋯ 8
⑬ 7 ⋯ 4
⑭ 5 ⋯ 45
⑮ 7 ⋯ 34
⑯ 8 ⋯ 26
⑰ 6 ⋯ 25
⑱ 6 ⋯ 5
⑲ 8 ⋯ 26
⑳ 7 ⋯ 43
㉑ 8 ⋯ 55
㉒ 8 ⋯ 70
㉓ 9 ⋯ 9
㉔ 9 ⋯ 11

144쪽

㉕ 9 ⋯ 5
㉖ 4 ⋯ 9
㉗ 8 ⋯ 25
㉘ 6 ⋯ 21
㉙ 5 ⋯ 7
㉚ 8 ⋯ 6
㉛ 5 ⋯ 16
㉜ 9 ⋯ 34
㉝ 6 ⋯ 23
㉞ 8 ⋯ 9
㉟ 9 ⋯ 8
㊱ 8 ⋯ 25

145쪽

㊲ 3 ⋯ 17
㊳ 8 ⋯ 4
㊴ 5 ⋯ 13
㊵ 4 ⋯ 13
㊶ 9 ⋯ 8
㊷ 5 ⋯ 26
㊸ 7 ⋯ 7
㊹ 5 ⋯ 8
㊺ 8 ⋯ 13
㊻ 7 ⋯ 25
㊼ 6 ⋯ 10
㊽ 5 ⋯ 12
㊾ 7 ⋯ 3
㊿ 6 ⋯ 21
(51) 6 ⋯ 32
(52) 9 ⋯ 7
(53) 8 ⋯ 28
(54) 9 ⋯ 18
(55) 8 ⋯ 23
(56) 8 ⋯ 11
(57) 9 ⋯ 34

35 계산 Plus+ 몫이 한 자리 수인 (세 자리 수)÷(두 자리 수)

146쪽

❶ 4
❷ 9
❸ 4
❹ 6
❺ 9
❻ 7
❼ 8
❽ 9

147쪽

❾ 5 ⋯ 3
❿ 6 ⋯ 11
⓫ 5 ⋯ 46
⓬ 5 ⋯ 61
⓭ 8 ⋯ 22
⓮ 8 ⋯ 37
⓯ 8 ⋯ 1
⓰ 9 ⋯ 21

148쪽

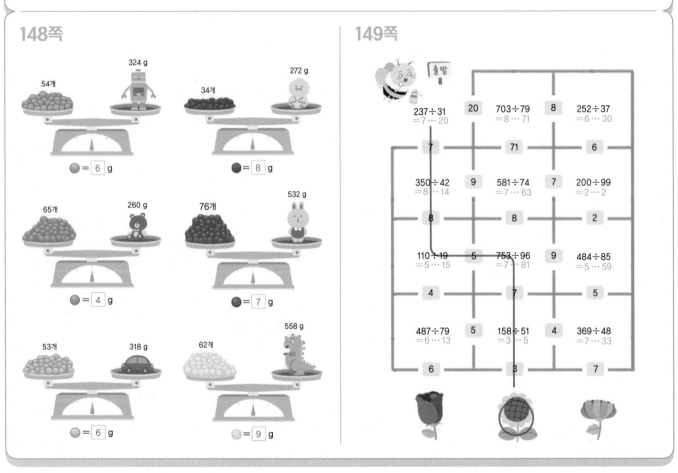

54개 — 324 g ● = 6 g

34개 — 272 g ● = 8 g

65개 — 260 g ● = 4 g

76개 — 532 g ● = 7 g

53개 — 318 g ● = 6 g

62개 — 558 g ● = 9 g

149쪽

출발

237÷31 = 7 ⋯ 20 → 7
20
703÷79 = 8 ⋯ 71 → 71
8
252÷37 = 6 ⋯ 30 → 6

350÷42 = 8 ⋯ 14 → 8
9
581÷74 = 7 ⋯ 63 → 8
7
200÷99 = 2 ⋯ 2 → 2

110÷19 = 5 ⋯ 15 → 4
5
753÷96 = 7 ⋯ 81 → 7
9
484÷85 = 5 ⋯ 59 → 5

487÷79 = 6 ⋯ 13 → 6
5
158÷51 = 3 ⋯ 5 → 3
4
369÷48 = 7 ⋯ 33 → 7

36 나누어떨어지고 몫이 두 자리 수인 (세 자리 수)÷(두 자리 수)

150쪽
❶ 12　　❸ 21　　❺ 32
❷ 23　　❹ 22　　❻ 22

151쪽
❼ 11　　⓬ 23　　⓱ 14
❽ 12　　⓭ 27　　⓲ 29
❾ 16　　⓮ 22　　⓳ 21
❿ 12　　⓯ 16　　⓴ 14
⓫ 16　　⓰ 34　　㉑ 12

152쪽
㉒ 13　　㉕ 29　　㉘ 24
㉓ 19　　㉖ 18　　㉙ 38
㉔ 12　　㉗ 15　　㉚ 36

153쪽
㉛ 11　　㊳ 19　　㊺ 13
㉜ 12　　㊴ 28　　㊻ 17
㉝ 17　　㊵ 12　　㊼ 48
㉞ 23　　㊶ 11　　㊽ 16
㉟ 14　　㊷ 17　　㊾ 13
㊱ 22　　㊸ 23　　㊿ 34
㊲ 13　　㊹ 12　　51 25

37 나머지가 있고 몫이 두 자리 수인 (세 자리 수)÷(두 자리 수)

154쪽
❶ 14 … 3　　❸ 12 … 7　　❺ 23 … 11
❷ 16 … 3　　❹ 15 … 6　　❻ 14 … 8

155쪽
❼ 13 … 3　　⓬ 17 … 5　　⓱ 26 … 6
❽ 12 … 8　　⓭ 14 … 11　　⓲ 33 … 7
❾ 14 … 4　　⓮ 22 … 6　　⓳ 56 … 3
❿ 13 … 5　　⓯ 14 … 4　　⓴ 16 … 8
⓫ 12 … 9　　⓰ 15 … 3　　㉑ 14 … 9

156쪽
㉒ 12 … 5　　㉕ 31 … 8　　㉘ 19 … 14
㉓ 16 … 3　　㉖ 16 … 16　　㉙ 31 … 7
㉔ 12 … 1　　㉗ 45 … 9　　㉚ 18 … 2

157쪽
㉛ 13 … 2　　㊳ 17 … 13　　㊺ 19 … 19
㉜ 11 … 7　　㊴ 13 … 10　　㊻ 11 … 30
㉝ 12 … 8　　㊵ 13 … 3　　㊼ 13 … 18
㉞ 12 … 5　　㊶ 11 … 9　　㊽ 35 … 11
㉟ 18 … 3　　㊷ 22 … 12　　㊾ 18 … 17
㊱ 15 … 7　　㊸ 19 … 16　　㊿ 23 … 19
㊲ 12 … 6　　㊹ 17 … 22　　51 18 … 13

4 나눗셈

38 어떤 수 구하기

158쪽

❶ 13, 13　　❸ 12, 12
❷ 51, 51　　❹ 11, 11

159쪽

❺ 150, 150　　❿ 520, 520
❻ 216, 216　　⓫ 651, 651
❼ 335, 335　　⓬ 873, 873
❽ 450, 450　　⓭ 935, 935
❾ 361, 361　　⓮ 784, 784

160쪽

⓯ 15　　㉑ 14
⓰ 18　　㉒ 23
⓱ 16　　㉓ 13
⓲ 21　　㉔ 22
⓳ 26　　㉕ 47
⓴ 22　　㉖ 22

161쪽

㉗ 167　　㉝ 677
㉘ 405　　㉞ 777
㉙ 492　　㉟ 803
㉚ 518　　㊱ 888
㉛ 548　　㊲ 944
㉜ 663　　㊳ 965

39 계산 Plus + 몫이 두 자리 수인 (세 자리 수) ÷ (두 자리 수)

162쪽

❶ 18　　❺ 23
❷ 16　　❻ 36
❸ 14　　❼ 16
❹ 29　　❽ 22

163쪽

❾ 13 … 3　　⓭ 13 … 7
❿ 11 … 7　　⓮ 12 … 9
⓫ 14 … 8　　⓯ 18 … 3
⓬ 27 … 2　　⓰ 28 … 2

164쪽

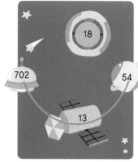

식   702÷13＝54

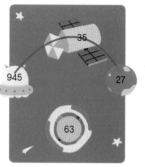

식   945÷35＝27

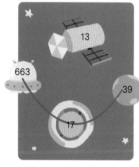

식   663÷17＝39

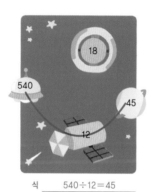

식   540÷12＝45

165쪽

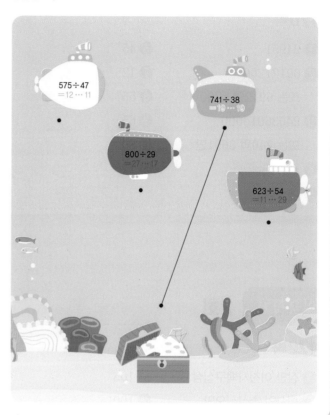

40 나눗셈 평가

166쪽

❶ 3
❷ 8 … 4
❸ 2
❹ 3 … 1

❺ 6
❻ 7 … 3
❼ 13
❽ 35 … 9

167쪽

❾ 4 … 3
❿ 9 … 4
⓫ 6
⓬ 9
⓭ 6 … 11
⓮ 18
⓯ 22 … 3

⓰ 6
⓱ 4 … 10
⓲ 7
⓳ 15
⓴ 18 … 5